El Mesozoico del Prebético de la Sierra de Segura (Provincia de Jaén, sur de España)

El Mesozoico del Prebético de la Sierra de Segura (Provincia de Jaén, sur de España)

Luis M. Nieto Albert - Matías Reolid
Coordinadores

José Manuel Castro Jiménez, Luis M. Nieto Albert,
Fernando Pérez-Valera, Juan Alberto Pérez-Valera, Matías Reolid,
Francisco Javier Rodríguez Tovar, Alberto Pérez-López
Autores y colaboradores

Universidad de Jaén

El Mesozoico del Prebético de la Sierra de Segura (Provincia de Jaén, Sur de España) / Luis M. Nieto Albert , Matías Reolid, Coords ; José Manuel Castro Jiménez...[et al.], aut., y col. -- Jaén : Servicio de Publicaciones, Universidad de Jaén, 2015. -- (Juan Pérez de Moya ; 10)

120 p. ; 17 x 24 cm
ISBN 978-84-8439-921-6
1. Mesozoico 2. Geología 3. Sierra de Segura (Jaén) I. Nieto Albert, Luis M., coord. II. Reolid, Matías, coord. III. Castro Jiménez, José Manuel , aut. y col. IV. Universidad de Jaén. Servicio de Publicaciones, ed.
551.7(460.352 Sierra de Segura)

Primera edición, septiembre 2015

DISEÑO Y MAQUETACIÓN
Servicio de Publicaciones

ISBN
978-84-8439-921-6

DEPÓSITO LEGAL
J-373-2015

COLECCIÓN
Juan Pérez de Moya, 10

EDITA
Publicaciones de la Universidad de Jaén
Vicerrectorado de Proyección de la Cultura, Deportes y Responsabilidad Social
Campus Las Lagunillas, Edificio Biblioteca
23071 Jaén (España)
Teléfono 953 212 355 – Fax 953 212 235
servpub@ujaen.es

IMPRESO POR
Gráficas "La Paz" de Torredonjimeno, S. L.
Avda. de Jaén, s/n
23650 Torredonjimeno (Jaén)
Teléfono 953 571 087 – Fax 953 571 207

Impreso en España / *Printed in Spain*

ÍNDICE

AGRADECIMIENTOS

Son muchos los organismos e instituciones que de una manera u otra han colaborado para que esta obra vea la luz. Así, el Departamento de Geología, el Centro de Estudios Avanzados en Ciencias de la Tierra (CEACTierra) y el Servicio de Publicaciones, todos de la Universidad de Jaén, han facilitado la labor de elaboración de esta obra, apoyando en todo momento su realización y difusión entre los potenciales lectores, especialistas en los temas tratados, y la sociedad en general.

Esta monografía está íntimamente relacionada con las 31 Jornadas de Paleontología, auspiciadas por la Sociedad Española de Paleontología que aprobó la celebración de las mismas en la Sede Antonio Machado (Baeza) de la Universidad Internacional de Andalucía (UNIA). Esta entidad, desde el primer momento, ayudó a la organización de las jornadas poniendo a disposición del Comité Organizador sus instalaciones e infraestructura. Por otro lado, cuando se comunicó a la Diputación Provincial de Jaén y al Excelentísimo Ayuntamiento de Baeza la celebración de este evento, tanto la Diputación como el Consistorio de la ciudad se prestaron a colaborar de manera desinteresada.

Los datos e interpretaciones que aparecen en este trabajo son el resultado de una labor de investigación que llevan realizando durante varios años los diferentes equipos de trabajo en los que se encuadran los autores de la misma, como son los Grupos de Investigación de la Junta de Andalucía RNM200 Análisis de Cuencas y Geología Ambiental, RNM178 Evolución de los Márgenes Mesozoicos de Iberia, RNM208 Discontinuidades Estratigráficas y 910431-Procesos Bióticos Mesozoicos (Universidad Complutense de Madrid). Además, esta investigación ha estado sufragada por diversos proyectos de investigación: CGL2012-33281 y CGL2014-55274-P, ambos financiados por el Ministerio de Economía y Competitividad, P11-RNM-7408, financiado por la Junta de Andalucía, y UJA2013/08/50, financiado por la Universidad de Jaén. Por otro lado, algunas de las ideas sobre las secuencias del Cretácico Inferior expuestas en este documento fueron discutidas con especialistas en estratigrafía durante la estancia de investigación que uno de nosotros (L. M. Nieto) realizó en agosto de 2014 en el *Department of Earth Sciences* del *Royal Holloway (University of London)*, financiada por el Plan de Apoyo a la Investigación, Desarrollo Tecnológico e Innovación 2014-2015. III Programa de Apoyo a Actividades de I+D+i de la Universidad de Jaén.

Por último, queremos agradecer los comentarios y sugerencias que dos revisores anónimos han propuesto. Sin lugar a dudas, su toma en consideración ha mejorado esta obra.

INTRODUCCIÓN

El libro que tiene entre sus manos se encuadra dentro de las XXXI Jornadas de Paleontología, celebradas en la sede Antonio Machado (Baeza) de la Universidad Internacional de Andalucía, entre los días 8 y 10 de octubre de 2015. Este último día está dedicado a la excursión post-congreso, en la que se visitarán tres afloramientos de edades Triásico, Jurásico Superior y Cretácico Inferior con una buena calidad, no sólo desde el punto de vista paleontológico, sino también desde la perspectiva estratigráfica, sedimentológica o estructural.

El primer afloramiento visitado (Fig. I) será el holoestratotipo de la Formación Siles, constituida por carbonatos del *Muschelkalk*. Este afloramiento servirá de punto de partida para el análisis del Triásico, especialmente del Ladiniense, en el Prebético de la Sierra de Segura, al que se dedica el capítulo 2 de esta obra, aunque en el capítulo precedente también se hace una sinopsis general del Ciclo Triásico.

Llamará la atención del lector el hecho de que del Triásico pasemos al Jurásico Superior, sin tratar el Jurásico Inferior y el Medio. Esto se debe a que los materiales de estos últimos sistemas son fundamentalmente dolomías y, por tanto, su contenido paleontológico es muy escaso, con esporádicas acumulaciones de bivalvos parecidos a los Lithiotis. No obstante, en el capítulo primero se presenta el encuadre estratigráfico y las características generales de estos materiales, constituyentes de la parte superior de la Etapa 1 (Triásico – Jurásico basal) y de la Etapa 2 (Jurásico Inferior – Medio). El contexto estratigráfico y paleogeográfico se puede observar en las panorámicas del Yelmo y Segura de la Sierra desde el Mirador de Segura de la Sierra, que constituye la segunda parada de dicha excursión post-congreso.

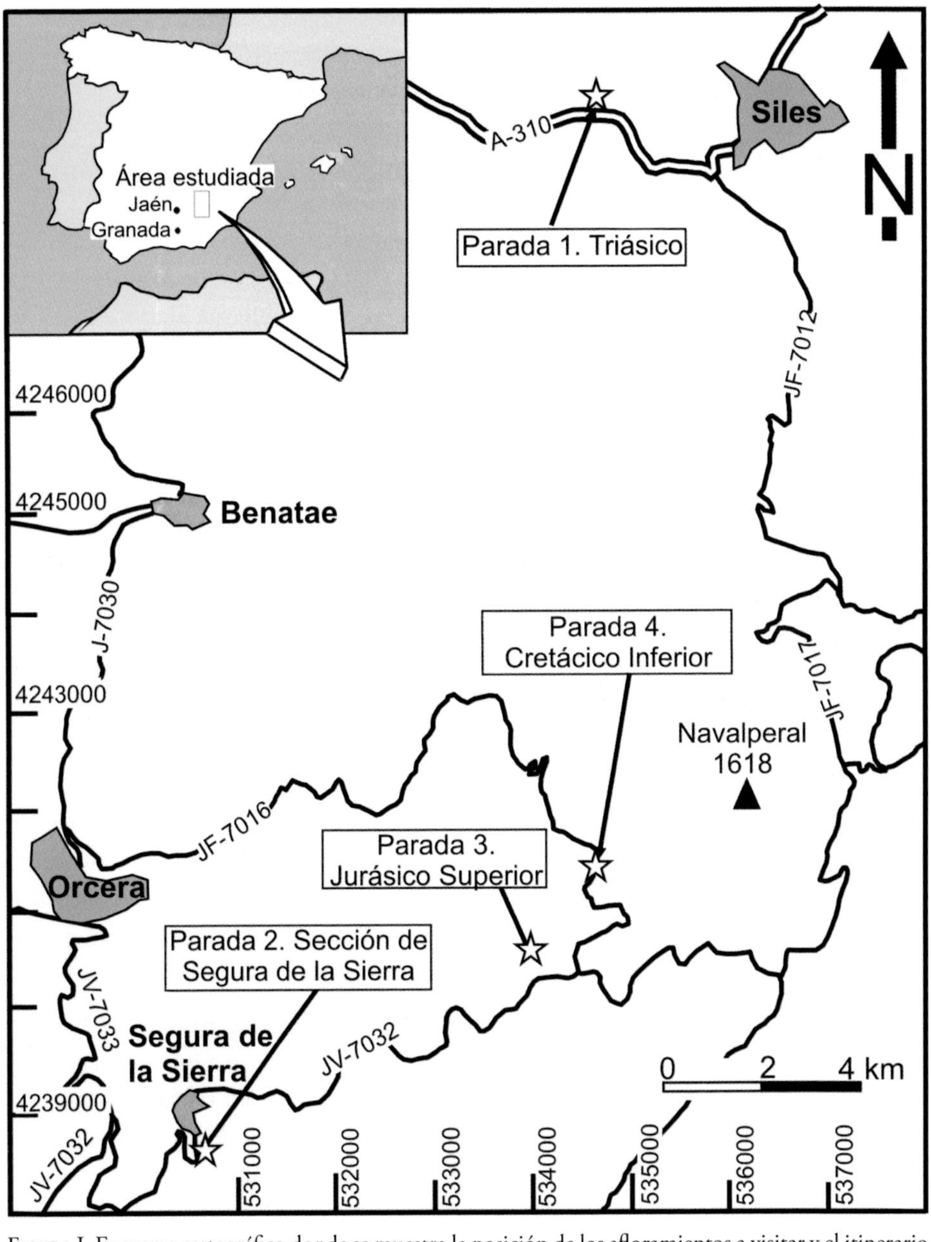

Figura I. Esquema cartográfico donde se muestra la posición de los afloramientos a visitar y el itinerario seguido.

El Jurásico Superior, especialmente el Oxfordiense y el Kimmeridgiense, son analizados en el capítulo 3. Los materiales de estas edades, muy ricos desde el punto de vista paleontológico, son estudiados en la tercera parada de la excursión. A tenor de esta mayor riqueza paleontológica, este capítulo presenta una mayor extensión y, en él se hace un minucioso análisis paleontológico, no sólo taxonómico y bioestratigráfico, sino también paleobiológico y paleoecológico. Para ello se estudiará el afloramiento de Navalperal (Fig. I), donde se encontrará una magnífica exposición de materiales de edad Oxfordiense y Kimmeridgiense basal.

Como sucede con el Jurásico Inferior y Medio, la parte terminal del Jurásico Superior y el inicio del Cretácico Inferior, atribuido al Titoniense-Berriasiense, se registra en facies dolomíticas, con un escasísimo contenido fósil. El encuadre estratigráfico de estos materiales puede verse también en el capítulo 1.

En el último capítulo se aborda el estudio del Cretácico Inferior. Los materiales que lo representan tienen una abundancia de restos fósiles generalmente menor que la que muestran los del Jurásico Superior, pero es de gran interés porque es indicativa de ambientes sedimentarios muy diversos, desde continentales e intermareales hasta plenamente marinos. Para conocer las características de estas rocas, se visitará también la sección de Navalperal (Fig. I), donde podrá verse desde el contacto con los materiales del Jurásico Superior hasta unas dolomías atribuidas al Albiense (¿?). El Cretácico Superior está igualmente representado por unas dolomías, por lo que su contenido paleontológico es muy bajo y no se ha considerado en esta obra.

Capítulo 1

RASGOS GENERALES DEL PREBÉTICO

La Cordillera Bética constituye un conjunto de alineaciones montañosas de dirección ENE-OSO, que se extiende desde la provincia de Cádiz hasta el Cabo de la Nao (provincia de Alicante). Ha sido dividida tradicionalmente en dos dominios tectono-paleogeográficos; Zonas Externas y Zonas Internas (Fallot, 1948; Fontboté, 1970), que muestran diferencias significativas en su historia sedimentaria, en su evolución tectónica y metamórfica, así como en la edad en que han sufrido la deformación alpina. Las Zonas Internas están constituidas mayoritariamente por materiales paleozoicos y triásicos. Este dominio se estructura en mantos de corrimiento que afectan indistintamente al zócalo y a la cobertera, y está afectado por metamorfismo regional de grado variable.

Las Zonas Externas están compuestas por los materiales del Mesozoico y Cenozoico que fueron depositados en el Margen Sudibérico desde su individualización en el Triásico hasta su deformación en el Mioceno (García-Hernández *et al.*, 1980; Vera, 1988). Las Zonas Externas se dividen en dos unidades desde el punto de vista tectónico y paleogeográfico (Blumenthal, 1927; Fallot, 1948) denominadas Subbético y Prebético. El Subbético corresponde al sector más distal, constituido por un conjunto de materiales deformados, marcadamente alóctonos, que presentan carácter pelágico a partir del Pliensbachiense (Jurásico Inferior).

El Prebético es la unidad geológica más septentrional de la Cordillera Bética (Fig. 1.1A). Está formado por sucesiones de rocas sedimentarias de edad comprendida entre el Triásico y el Mioceno. Su deformación es importante, pero, al igual que en el Subbético, no llega a estar afectado por el metamorfismo alpino. Desde un punto de vista estructural, el Prebético está constituido por unidades parauctóctonas, en sus sectores más externos, a moderadamente alóctonas, que afloran exclusivamente en la mitad oriental de la cordillera. Los materiales que componen el Prebético presentan mayoritariamente facies marinas poco profundas, aunque en determinadas

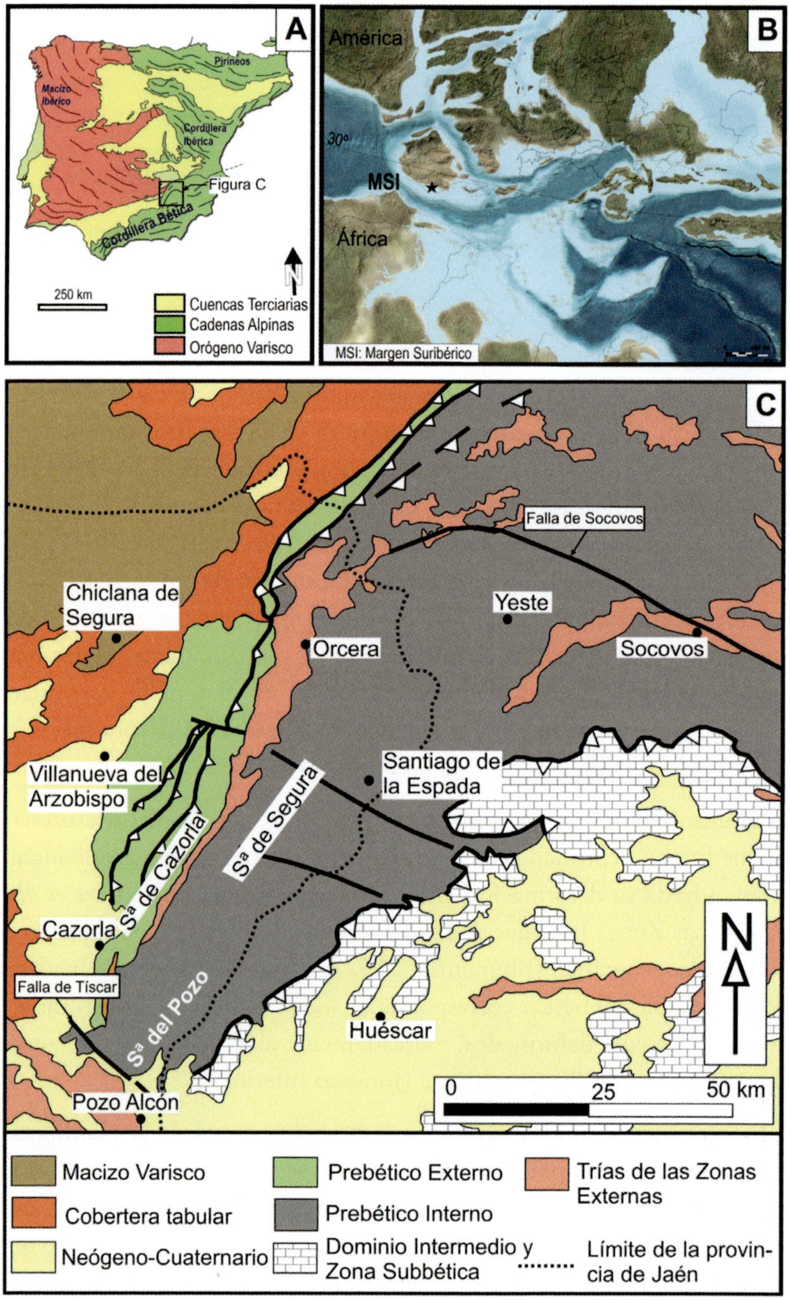

Figura 1.1. Situación geográfica y geológica del Prebético de las Sierras de Cazorla, Segura y Las Villas. A: Situación en el contexto de la Península Ibérica con indicación del esquema de la figura C. B: Situación paleogeográfica del Margen Suribérico (MSI) en el Cretácico Inferior (http://cpgeosystems.com/125_Cret_EurMap_sm.jpg). C: Esquema geológico regional del Prebético de las Sierras de Cazorla, Segura y Las Villas (simplificado de López Garrido, 1971).

zonas, se encuentran importantes episodios de sedimentación continental e incluso con intervalos de erosión. Paleogeográficamente, los materiales que conforman esta unidad geológica, se depositaron en un medio del Margen Sudibérico muy próximo a la Meseta (Fig. 1.1B; Vera *et al.*, 2004). La sucesión estratigráfica del Prebético está compuesta por sedimentos similares a los que componen la sucesión estratigráfica de la Cordillera Ibérica y la Cobertera Tabular de la Meseta. Así, el límite entre las cordilleras Bética e Ibérica se establece primordialmente a partir de criterios estructurales, tales como los cambios en las directrices de plegamiento, OSO – ENE en la Cordillera Bética, a NO – SE en la Ibérica.

El Prebético se individualizó en relación con el episodio extensional que acaeció entre el Jurásico Superior y el Cretácico Inferior, debido a la apertura del Atlántico Norte.

DIVISIONES EN EL PREBÉTICO

El Prebético se divide en Prebético Externo y Prebético Interno (Foucault, 1971; Jerez-Mir, 1973), de acuerdo con el espesor de la cobertera mesozoica, la composición de la sucesión estratigráfica en determinados intervalos temporales, y el estilo tectónico (Figs. 1.1C y 1.2). Desde el punto de vista paleogeográfico el Prebético representa parte del sistema de plataforma marina epicontinental, desarrollado en el margen SSE de Iberia correspondiendo el Prebético Externo e Interno a los dominios paleogeográficos proximal y distal, respectivamente.

El Prebético Externo es el sector más septentrional y externo de la Cordillera Bética. En líneas generales, en su parte más oriental limita al NE con los materiales de la Cordillera Ibérica, mientras que los afloramientos correspondientes a la Sierra de Cazorla, localizados en una posición más occidental, limitan al NNO con la Cobertera Tabular de la Meseta y hacia el O con los sedimentos neógenos de la Depresión del Guadalquivir (Fig. 1.1C). Hacia el SE, el Prebético Externo es relevado por el Prebético Interno. Estratigráficamente el Prebético Externo se caracteriza por presentar una cobertera mesozoica de espesor moderado (Fig. 1.2), en la que los materiales jurásicos predominan frente a los cretácicos, estando poco desarrollados o ausentes los materiales del Jurásico terminal, Cretácico Inferior (Berriasiense - Hauteriviense) y Paleógeno. Predominan las facies someras de tipo marino-lagunar y se registran intercalaciones de facies continentales. En sectores más orientales las facies son similares a las registradas en la Cordillera Ibérica, diferenciándose de estas últimas a partir de características fundamentalmente estructurales (Fourcade, 1970; Jerez-Mir, 1973). Tectónicamente, el Prebético Externo se estructura en escamas imbricadas vergentes hacia la Meseta, muy frecuentes en la Sierra de Cazorla, siendo escasas las estructuras de plegamiento (Fig. 1.2). En el sector central del Prebético Externo se han diferenciado dos unidades estructuradas en escamas tectónicas (López-Garrido, 1971): Unidad de Beas de Segura y Unidad de la Sierra de Cazorla. La Unidad de Beas de Segura se caracteriza por una serie estratigráfica con importantes hiatos que afectan normalmente a todo el Jurásico Superior y Cretácico; el Cretácico, en caso de existir, está representado a partir del Albiense superior en facies "Utrillas", sobre términos jurásicos, y más antiguos, incluso paleozoicos, hacia la Meseta. La Unidad de la Sierra de Cazorla muestra series más potentes y completas, con una importante interrupción sedimentaria que abarca el final del Jurásico y buena parte del Cretácico Inferior, aumentando la laguna estratigráfica hacia la Meseta.

El Prebético Interno corresponde al sector más interno del Prebético, limitado al N y O por el Prebético Externo. El límite tectónico meridional del Prebético Interno lo marca el cabalgamiento del Subbético (Fig. 1.1C). No obstante, en sectores más meridionales del Prebético Interno en la provincia de Alicante, puede observarse una transición gradual desde facies típicas de plataforma somera a otras hemipelágicas, con afinidades subbéticas (Castro, 1998; Martínez del Olmo, 2003). Desde el punto de vista estratigráfico, el Prebético Interno posee una cobertera mesozoica más potente y completa que el Prebético Externo, caracterizada por la presencia de materiales del Titoniense y Cretácico Inferior (Fig. 1.2). Asimismo, los materiales registrados en el Prebético Interno muestran un predominio de las facies marinas, estando éstas mejor desarrolladas progresivamente hacia el SE (García-Hernández y López-Garrido, 1979a). Los afloramientos correspondientes a este dominio son principalmente cretácicos, aflorando el Jurásico casi exclusivamente en el límite con el Prebético Externo. Un ejemplo de secuencia estratigráfica de transición entre ambos subdominios puede observarse en las inmediaciones de la localidad de Segura de la Sierra (Fig. 1.3), donde aparece una secuencia jurásica bastante completa sobre la que se disponen las arenas, en facies Utrillas, del Albiense superior y las dolomías del Cretácico Superior.

Aunque la división considerada con anterioridad, en Prebético Externo e Interno, es la más conocida y utilizada por los autores que trabajan en este dominio geológico, hay otras, propuestas por diferentes autores, que se sintetizan en la figura 1.4. Por su simplicidad y mayor difusión, en este trabajo se utilizará la división de Azéma *et al.* (1979), que no es más que una actualización de la propuesta de Foucault (1971).

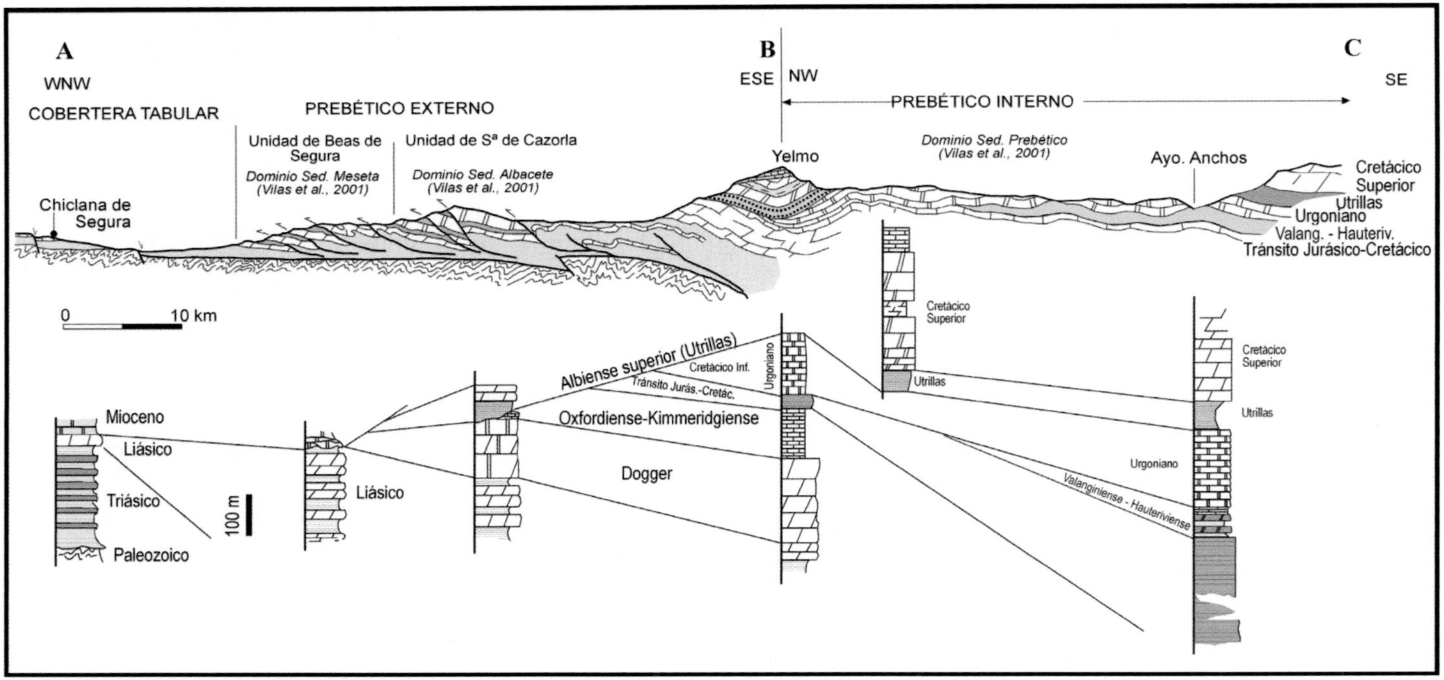

FIGURA 1.2. Corte geológico del Prebético considerando las Unidades de Beas de Segura, Cazorla y Sierra de Segura, así como esquema de correlación de las secuencias estratigráficas típicas de cada una de las unidades anteriores.

RASGOS ESTRUCTURALES

A grandes rasgos, el Prebético es un complejo cabalgante en el que se diferencian dos grandes unidades con diferente estilo estructural, especialmente patente en las Sierras de Cazorla (Prebético Externo) y Segura (Prebético Interno). En posición más externa se diferencia un abanico frontal de escamas imbricadas, más horizontales hacia la Cobertera Tabular (Unidad de Beas de Segura) y más buzantes hacia sectores más internos (Fig. 1.2); estas escamas están compuestas principalmente por materiales del Jurásico, pellizcando sedimentos del Tortoniense inferior. En el resto del Prebético se delimita una extensa unidad plegada, organizada en antiformas y sinformas tumbadas, con un eje de directriz OSO - ENE y vergencia hacia el NO, progresivamente más apretados y asociados a cabalgamientos de igual vergencia. Esto es especialmente patente en la región de Albacete y Alicante, donde también son abundantes las estructuras diapíricas (Martínez del Olmo *et al.*, 2015). Para el conjunto del Prebético, se ha estimado un acortamiento aproximado al 50% de la anchura original (véanse referencias en Crespo-Blanc *et al.*, 2004).

El Prebético está cortado por fallas de transferencia dextrorsas de salto plurikilométrico transversales a las directrices tectónicas, de dirección media NO-SE (Crespo-Blanc *et al.*, 2004). Las tres fallas más importantes son la del Vinalopó, en la provincia de Alicante, la de Socovos, en la provincia de Murcia, y la de Tíscar, en Jaén (Fig. 1.1C). Estas fallas son elementos esenciales en la formación del Arco de Cazorla-Alcaraz (Sanz de Galdeano, 2003; Sanz de Galdeano *et al.*, 2006).

Para entender la estructura del Prebético en las Sierras de Cazorla y Segura, es especialmente importante comprender el papel de la Falla de Tíscar. Según Sanz de Galdeano *et al.* (2006), esta falla se generó como consecuencia del movimiento diferencial de las diversas unidades cabalgantes que componen el Arco Prebético. Mientras que las situadas en el bloque NE de la falla quedaron bloqueadas sobre el basamento paleozoico, debido a la reducción de potencia de las secuencias estratigráficas meso-cenozoicas y a la superficialidad de dicho basamento, las unidades dispuestas en el bloque SO de esta falla continuaron moviéndose hacia el N y NO, según un régimen dextrorso. Esto facilitó la desmembración de la terminación del Arco Prebético y el desarrollo de los diversos bloques que constituyen el Prebético de Jaén, situado al oeste de dicha falla y formado por bloques aislados de rocas de edad Cretácica, que se emplazan en el frente orogénico. Recientemente, Sanz de Galdeano *et al.* (2013) han estudiado con detalle la estructura del Prebético de Jaén en el sector más próximo a la Falla de Tíscar (Sierras de Bedmar-Jódar, la Golondrina y Aznaitín), poniendo de manifiesto que en ella ha jugado un papel importante tanto el empuje del Subbético como la existencia de fallas que afectan al basamento

FIGURA 1.3. Panorámica de la sección Jurásico – Cretácico desde el mirador de Segura de la Sierra.

paleozoico, que determinan una semifosa tectónica en la que se hunde parte de estos materiales prebéticos. La otra falla que controla el desarrollo del Arco Prebético es la Falla de Socovos que desplaza al Prebético, sobre todo al Prebético Interno, hacia el NO en su bloque occidental, debido a un movimiento dextrorso.

	Norte			Sur
Azéma *et al.* (1979)	PREBÉTICO EXTERNO	PREBÉTICO INTERNO		Unidades Intermedias
Martínez del Olmo *et al.* (1982)	PREBÉTICO *s.l.*	FRANJA ANÓMALA	Prebético del Cabo de la Nao	PREBÉTICO MERIDIONAL
Vilas et al. (2001)	DOMINIO SEDIMENTARIO DE LA MESETA	DOMINIO SEDIMENTARIO DE ALBACETE	DOMINIO SEDIMENTARIO PREBÉTICO	Dominio Intermedio
En este trabajo	Unidad de Beas de Segura	Unidad de Cazorla	Sierra de Segura	Dominio Intermedio
	PREBÉTICO EXTERNO		PREBÉTICO INTERNO	

Figura 1.4. Divisiones del Prebético según diversos autores y división adoptada en este trabajo.

RASGOS ESTRATIGRÁFICOS DEL MESOZOICO DEL PREBÉTICO

En este apartado se presenta una síntesis muy resumida de las características estratigráficas más importantes de este dominio geológico para el Mesozoico. Los criterios seguidos para establecer esta diferenciación en etapas mayores de sedimentación se fundamentan en el reconocimiento de discontinuidades estratigráficas en amplios sectores de la cuenca, que son una expresión de fenómenos tectónicos, climáticos, oceanográficos y/o eustáticos que afectaron al Margen Suribérico en su conjunto. Las etapas consideradas tienen duraciones variables, pero siempre en el rango del segundo orden estratigráfico, es decir, entre 3 y 50 Ma, y potencias que se miden en decenas de metros.

Etapa 1. Triásico – Jurásico basal

En el Prebético se reconocen las tres facies características del Trías Germánico (Fig. 1.5) que, en la región estudiada (Fig. 1.1C), afloran ampliamente en el valle del alto Guadalquivir (Formación Hornos-Siles, *sensu* López-Garrido, 1971). Hacia la Meseta, el Trías prebético transiciona gradualmente a facies continentales (Trías de la Cobertera Tabular de la Meseta), correspondientes a un dominio de sedimentación continental (López-Garrido, 1971).

De acuerdo con Fernández *et al.* (1994) y Fernández y Pérez-López (2004), la sedimentación triásica se inició en el Anisiense (¿?), organizándose en cuatro secuencias deposicionales (Fig. 1.5). La primera de ellas (Sd1) comprende el Anisiense

(¿?)-Ladiniense inferior, con facies *Buntsandstein*, depositadas en áreas continentales y subsidentes en relación con fracturas tardihercínicas. La segunda secuencia deposicional (Sd2) comprende facies *Buntsandstein* y *Muschelkalk*, de edad Ladiniense *p.p.*; las variaciones de potencia existentes en los materiales terrígenos se interpretan como consecuencia del *rifting* triásico, que evolucionó temporalmente en un contexto de ascenso del nivel del mar, ya que las facies *Muschelkalk* son expansivas hacia el borde de la cuenca. La tercera secuencia deposicional (Sd3) está representada por el *Keuper* (K1), depositado al final del Ladiniense e inicio del Carniense. En ella predominan las facies evaporíticas, que se interpretan en relación con sistemas aluviales de llanuras de inundación. La cuarta secuencia (Sd4) comprende el *Keuper* (K2, K3, K4 y K5), de edad Carniense (parte superior) y Noriense, así como el conjunto superior dolomítico supra-*Keuper*. Tanto la cuarta secuencia como el conjunto de materiales supra-*Keuper* fueron depositados en un contexto de cuenca expansiva debido a un ascenso relativo del nivel del mar.

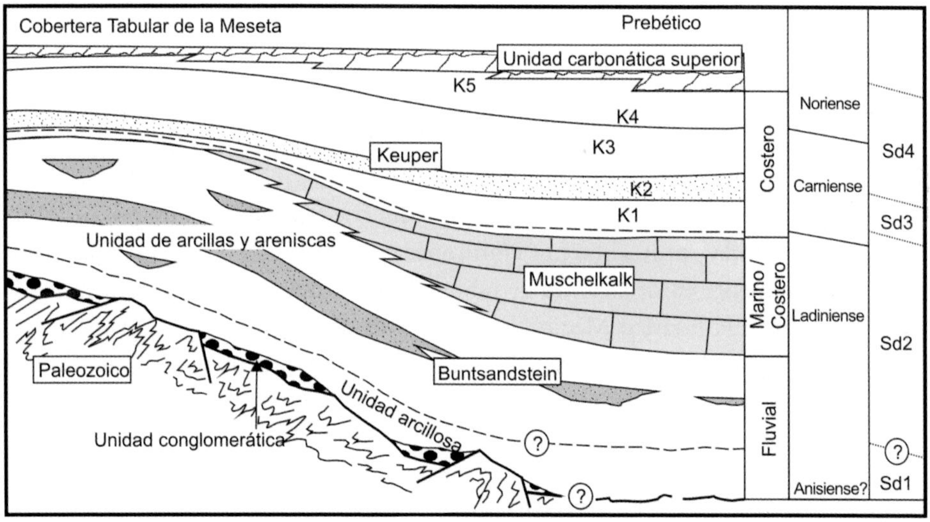

FIGURA 1.5. Esquema estratigráfico, evolución de facies y secuencias deposicionales (Sd) para el Triásico del Prebético (ligeramente modificado de Fernández *et al.*, 1994).

Los materiales del Jurásico basal (infradomeriense; Fig. 1.6) aparecen bien representados en la Unidad de Beas de Segura. Se trata de una sucesión estratocreciente de carbonatos de origen marino somero, afectados por una fuerte dolomitización de origen secundario. Estos carbonatos alternan con arcillas de tonos rojos, por lo que, en conjunto, es complejo diferenciar estos materiales de las arcillas triásicas y de la unidad carbonatada superior dispuesta sobre los materiales del *Keuper*.

El *rifting* intra-pliensbachiense, tan marcadamente registrado en el Subbético como consecuencia de la apertura del Tethys (García-Hernández *et al.*, 2004), no muestra evidencias claras en el Prebético. Probablemente la presencia generalizada de facies oolítico-bioclásticas a partir del Pliensbachiense superior pueda interpretarse como la repercusión sedimentaria de dicho evento en la Zona Prebética.

Etapa 2. Jurásico Inferior - Medio

La diferenciación entre la etapa anterior y la tratada a continuación suele ser compleja de establecer en el Prebético, pues hay una homogeneidad en las facies desde la unidad carbonática superior, suprayacente a los materiales del *Keuper*, y los carbonatos del Jurásico Inferior (infradomerienses), debido principalmente a la intensa dolomitización secundaria que afecta a ambos conjuntos cronoestratigráficos (Fig. 1.6).

A nivel regional se han reconocido, al menos, dos tramos generalizados de arcillas abigarradas, que marcan el límite de tres secuencias deposicionales, que comprenden la totalidad del Jurásico Inferior y Medio (Fig. 1.6). Este último sistema está representado, de forma constante, por un grueso y masivo banco de dolomías con grandes romboedros, aunque en su parte superior suele aparecer sin dolomitizar.

Los carbonatos del Jurásico Inferior y Medio corresponden a extensas plataformas poco profundas, protegidas por cinturones oolítico-bioclásticos, que se implantan progresivamente en situaciones de subida del nivel del mar, alcanzando su máximo desarrollo en el Jurásico Medio (García-Hernández *et al.*, 2004). El incremento gradual del espesor hacia el interior de la cuenca (sureste), expresa el aumento progresivo de la subsidencia en dicho sentido, en un contexto tectónico bastante estable.

Etapa 3. Jurásico Superior – Cretácico basal

Esta etapa incluye los materiales comprendidos entre la discontinuidad fini-Bathoniense y la intra-Berriasiense (Fig. 1.6). La primera de ellas se reconoce en todo el Prebético; se manifiesta en un *hardground* generalizado y, en algunas ocasiones, además, por una ligera discordancia de los materiales suprayacentes con paleorelieves y desarrollo de plintitas (Reolid *et al.*, 2008). La sedimentación se inicia con una sucesión de calizas de aspecto noduloso, calizas espongiolíticas y alternancias margoso-calcáreas que contienen abundantes ammonites del Oxfordiense medio y superior (Fig. 1.6). Hacia el borde occidental de la cuenca prebética se reconoce una alineación de bioconstrucciones constituidas por biohermos de esponjas y litohermos de microbialita del Oxfordiense superior (Olóriz *et al.*, 2003; Reolid, 2010), similares a los descritos en la Cordillera Ibérica, Portugal y el Jura, para el Jurásico Superior.

Sobre los materiales oxfordienses, se dispone una alternancia rítmica margoso-calcárea de edad Kimmeridgiense inferior-medio, de 80 a 150 m de potencia, con abundantes ammonites en la base. Esta ritmita se ordena en distintos tipos de secuencias (Rodríguez-Tovar, 1993) por lo general estratocrecientes, con niveles generados por corrientes de gravedad.

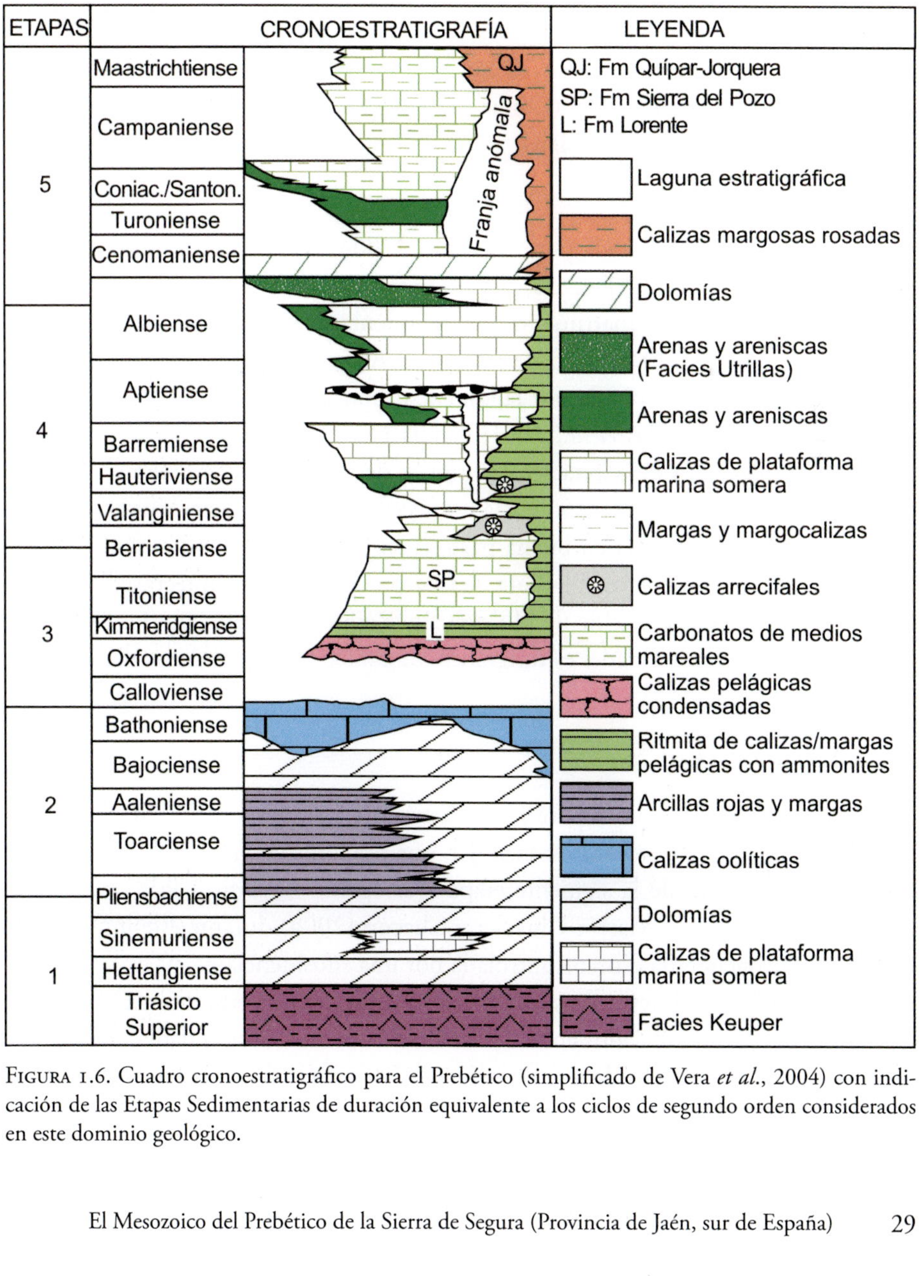

FIGURA 1.6. Cuadro cronoestratigráfico para el Prebético (simplificado de Vera *et al.*, 2004) con indicación de las Etapas Sedimentarias de duración equivalente a los ciclos de segundo orden considerados en este dominio geológico.

Los materiales del Oxfordiense–Kimmeridgiense medio reflejan un episodio de desarrollo de plataformas epicontinentales relativamente profundas, como consecuencia de la subida del nivel del mar producida al comienzo del Jurásico Superior. Se trata de depósitos hemipelágicos originados en rampas homoclinales, con variaciones de potencia generadas en la expansión oceánica del Tethys e inicio del *rifting* del Atlántico Norte.

Sobre los materiales anteriores se dispone una sucesión de calizas que intercalan progresivamente niveles de margas hacia arriba, correspondiente a una megasecuencia de somerización que se inicia en la base con facies arrecifales y bioclásticas y continúa con tidalitas. En éstas se reconocen sistemáticamente secuencias elementales submareales a supramareales (García-Hernández, 1978). Estos materiales se han datado como Titoniense-Berriasiense *p.p.*

Etapa 4. Cretácico Inferior

Esta etapa ha sido datada por Vilas *et al.* (2004) como Berriasiense medio-superior a Albiense superior (Fig. 1.6). Durante este intervalo de tiempo, el Prebético pasa por la etapa de compartimentación sedimentaria más importante del Mesozoico, relacionada con el proceso de *rifting* del Atlántico Norte. La sedimentación está fuertemente condicionada por fallas, en su mayoría lístricas, generadas en este periodo extensional (Vilas *et al.*, 2001; García-Hernández *et al.*, 2004). La mayor parte de los materiales del Cretácico Inferior se depositaron en el Prebético Interno con importantes variaciones de potencia y, a veces, también de facies. Por el contrario el Prebético Externo queda en buena parte emergido, salvo episodios concretos de sedimentación que son claves a la hora de interpretar la evolución tectosedimentaria del dominio. Esta etapa ha sido dividida en cinco episodios sedimentarios (K1 a K5) limitados por discontinuidades estratigráficas de carácter regional (Vilas *et al.*, 2004).

Etapa 5. Cretácico Superior

Datada como Albiense superior – Maastrichtiense (Fig. 1.6), se caracteriza por la transición desde la tectónica extensional, que predominó en la etapa anterior a la tectónica compresiva de la siguiente etapa (Paleógeno – Burdigaliense, *sensu* Vera, 2004). De acuerdo con Martín-Chivelet y Chacón (2004) durante este intervalo de tiempo la paleogeografía estuvo controlada por una subsidencia del Margen Sudibérico relacionada con los esfuerzos intraplaca y las variaciones eustáticas. Los factores tectónicos quedaron reflejados en el desarrollo de siete discontinuidades estratigráficas que delimitan seis episodios sedimentarios (K6 a K11, *op. cit.*).

RASGOS GEOLÓGICOS GENERALES DEL PREBÉTICO DE LA SIERRA DE SEGURA

El Prebético de la Sierra de Segura se extiende entre las fallas de Socovos y Tíscar (Fig. 1.1C). La estructura fundamental corresponde a pliegues de orientación preferente NNE – SSO en su parte suroccidental y coexisten con fallas inversas de vergencia hacia el antepaís. Hacia el sector nororiental, los pliegues son más amplios y se amortiguan los efectos de las fallas inversas.

En cuanto a los rasgos estratigráficos generales, pueden reconocerse sucesiones estratigráficas generalmente muy potentes y completas, constituidas por materiales del Jurásico Superior y Cretácico. No obstante, de NO a SE se observa cómo van apareciendo las diversas facies y van evolucionando los distintos medios sedimentarios en los que se generaron, desde continentales hacia marinos abiertos, prácticamente hemipelágicos. En la Sierra de Segura dominan especialmente los materiales del Cretácico con facies de plataformas carbonatadas poco profundas, representadas por las rocas que constituyen la Etapa sedimentaria 4 (Fig. 1.6), interrumpidas por importantes episodios terrígenos de origen fluvio – deltaico y costero.

Capítulo 2

EL TRIÁSICO

Los materiales del Triásico del Dominio Prebético están compuestos de manera general por un primer tramo siliciclástico (Formación Arroyo Molinos; Pérez-Valera, 2005) de 30-60 m de potencia, discordante sobre el basamento Varisco, formado por una alternancia de lutitas rojas y verdes, con niveles de areniscas y escasos niveles de carbonatos y yesos. Sobre éstos se encuentran los carbonatos de facies *Muschelkalk* que constituyen la Formación Siles (Pérez-Valera y Pérez-López, 2008), de 15-70 m de potencia, que se compone de una sucesión de dolomías, margas, calizas laminadas y nodulosas con frecuentes niveles bioclásticos, sobre todo en su tramo superior. Este es el más rico en restos fósiles, donde se han localizado frecuentes bivalvos y ocasionales cefalófopodos (ammonoideos y nautiloideos) y vertebrados (Notosaurios y Placodontos), entre otros fósiles. De manera gradual, los carbonatos de la Formación Siles pasan a las facies terrígenas que componen el Grupo Keuper de Jaén (180-220 m), conformado por una alternancia de niveles detrítico-evaporíticos (Formación K1), a la que sigue una intercalación potente de areniscas masivas (Formación K2) que a techo intercala niveles lutíticos masivos con paleosuelos (Formación K3). La sucesión culmina con tramos evaporíticos más potentes (Formación K4-K5) que darían paso al Jurásico, sin que se encuentren claramente los carbonatos del Noriense (Formación Zamoranos) que se observan en sectores más distales del Triásico, a excepción de la zona de Pozo Alcón (Pérez-Valera, F., 2005).

En lo que sigue, nos centraremos en los carbonatos de facies *Muschelkalk*, por ser los materiales que mayor contenido fosilífero y donde se han realizado y se están llevando a cabo algunos estudios de especial importancia para establecer correlaciones con otros Dominios del Triásico de la Península Ibérica (Márquez-Aliaga *et al.*, 1986; Pérez-Valera y Pérez-López, 2008; Pérez-Valera *et al.*, 2014; entre otros). Las calizas de facies *Muschelkalk* han sido reconocidas en los afloramientos de rocas del Triásico desde hace mucho tiempo, aunque la gran deformación tectónica que han sufrido ha dificultado su estudio en detalle. Por esta razón ha sido difícil establecer correlaciones entre las distintas sucesiones estratigráficas descritas en los diferentes Dominios y en algunas ocasiones la estratigrafía de estos carbonatos se ha realizado de manera diferente, dependiendo de los lugares estudiados. También, en otras ocasiones las facies *Muschelkalk* del Ladiniense se han confundido con los carbonatos del Noriense, debido a que se trata en ambos casos de facies marinas epicontinentales que presentan muchas similitudes.

ANTECEDENTES

Uno de los primeros autores que estudia en profundidad las facies *Muschelkalk* en la Cordillera Bética, desde el punto de vista estratigráfico es López Garrido (1971), quien presta atención a los afloramientos del Triásico en la región de Hornos-Siles, dentro de una monografía regional sobre el Prebético. El autor define en este trabajo la Formación Hornos-Siles para caracterizar todos los materiales del Triásico que afloran en la Zona Prebética, y entre ellos se incluían las calizas fosilíferas triásicas. Supone la existencia de tres intercalaciones de calizas de facies *Muschelkalk*, separadas por materiales detríticos, que desaparecerían hacia la meseta. Esta estratigrafía es discutida posteriormente por otros autores, unos avalando la existencia de estas tres intercalaciones o paquetes de carbonatos (p. ej. Márquez-Aliaga *et al.,* 1986; Gil *et al.,* 1987; Fernández *et al.*, 1994; entre otros) y otros poniéndolos en duda (Besems, 1981, 1983), cada uno con argumentos distintos. En los últimos años, sin embargo, nuevos datos estratigráficos y paleontológicos e investigaciones recientes apuntan la existencia de un solo paquete de carbonatos para las facies *Muschelkalk* (Formación Siles), que afloran en el ámbito del Dominio Prebético (Pérez-Valera, 2005; Pérez-Valera y Pérez-López, 2008; Pérez-Valera *et al.*, 2014).

Por otra parte, diversos afloramientos de la Formación Siles cercanos a la localidad del mismo nombre han sido estudiados a partir de la mitad del pasado siglo desde el punto de vista paleontológico y bioestratigráfico. Así, Hirsch (1972 y 1977) identificó conodontos del Ladiniense similares a los descritos en Israel. Por su parte, Parnes (1977) estudia un ejemplar de ammonoideo procedente de algún afloramiento entre Hornos y Siles, y define *Gevanites* (*Andalusites*) *hornosianus* como una nueva especie española del género *Gevanites* Parnes, género definido y citado únicamente en Israel (Negev) hasta esa fecha, y Parnes *et al.* (1985) estudian un ejemplar clasificado como *Protrachyceras hispanicum* (Mojsisovics) encontrado en un afloramiento similar cerca de Cortijos Nuevos.

Besems (1983) realizó un estudio palinológico de la Formación Hornos-Siles en este sector y Márquez-Aliaga *et al.* (1986) y Hirsch *et al.* (1987) analizaron las asociaciones de bivalvos encontrados en la región de Siles y en el oeste de la Provincia Sefardí. Más recientemente, Niemeyer (2002) publicó un estudio monográfico con gran cantidad de taxones de invertebrados y vertebrados reconocidos en el *Muschelkalk* de Siles, aunque en realidad el material se recogió en varios afloramientos de los alrededores de la localidad durante los años 1966-1974 y el trabajo se desarrolló en la década de 1970-80, por lo que algunos de los nombres propuestos ya han sido modificados por estudios posteriores. Por su parte, en la misma sección de la Formación Siles objeto de este estudio, Jiménez Jiménez *et al.* (2003) identificaron y estudiaron algunos niveles de acumulación de bivalvos y recogieron un ammonoideo que identificaron como *Gevanites* (*Andalusites*) *hornosianus* Parnes.

Actualmente, se están llevando a cabo estudios sobre ammonoideos y nautiloideos procedentes de la sección visitada (p. ej. Pérez-Valera *et al.*, 2014) dentro de estudios más amplios sobre el Triásico del sector oriental de la Cordillera Bética.

ESTRATIGRAFÍA DE LA FORMACIÓN SILES

La Formación Siles fue definida por Pérez-Valera y Pérez-López (2008) para caracterizar los materiales de facies *Muschelkalk* que se encuentran en posiciones proximales del Margen Sudibérico. Esta formación se extiende por todo lo que geológicamente sería el arco de Cazorla-Alcaraz, desde el extremo nororiental (sector de Riópar-Bogarra), hasta el extremo más meridional (sector de Huesa-Pozo Alcón), teniendo su máxima representación en la zona central del arco (sector de Hornos-Siles), donde se establece el área tipo. Está constituida por calizas y margocalizas con algunas capas de dolomías en la base. En el sector de Riópar-Bogarra, la dolomitización es muy importante y las dolomías son mayoritarias, al mismo tiempo que los tramos margosos son más frecuentes.

Desde el punto de vista litoestratigráfico, la Formación Siles tiene una potencia que varía entre los 15 y 70 metros, y se puede dividir en dos miembros. El Miembro Inferior está formado por dolomías, margas y calizas laminadas a veces lajosas, que muestran depósitos y estructuras de tormentas. El Miembro Superior está formado por calizas con estructura más o menos nodulosa, y margas, de aspecto tableado y con frecuentes intercalaciones de niveles bioclásticos. Ambos miembros están separados por una superficie de discontinuidad que se manifiesta de diversas maneras según la sección estratigráfica.

Esta formación se puede correlacionar con los carbonatos de facies *Muschelkalk* depositados en áreas más distales del Margen Sudibérico (Formación Cehegín, Pérez-Valera y Pérez-López, 2008), por lo que constituye su equivalente en posiciones más proximales del mismo.

Como se ha dicho anteriormente, en los alrededores de la localidad de Siles (Jaén), los materiales triásicos son relativamente abundantes por lo que los afloramientos han tenido una gran importancia desde el punto de vista de los estudios estratigráficos y paleontológicos realizados a lo largo de la historia. Para abordar el estudio de los rasgos estratigráficos y paleontológicos de la Formación Siles se estudiará un afloramiento que se sitúa a unos dos kilómetros al oeste de Siles (Fig. 2.1), junto a la trinchera de la carretera A-310, que une esta localidad con La Puerta de Segura, en la provincia de Jaén. En los últimos años, las obras de mejora de esta carretera y la ampliación de sus trincheras y taludes laterales han posibilitado el descubrimiento de esta nueva sección de carbonatos.

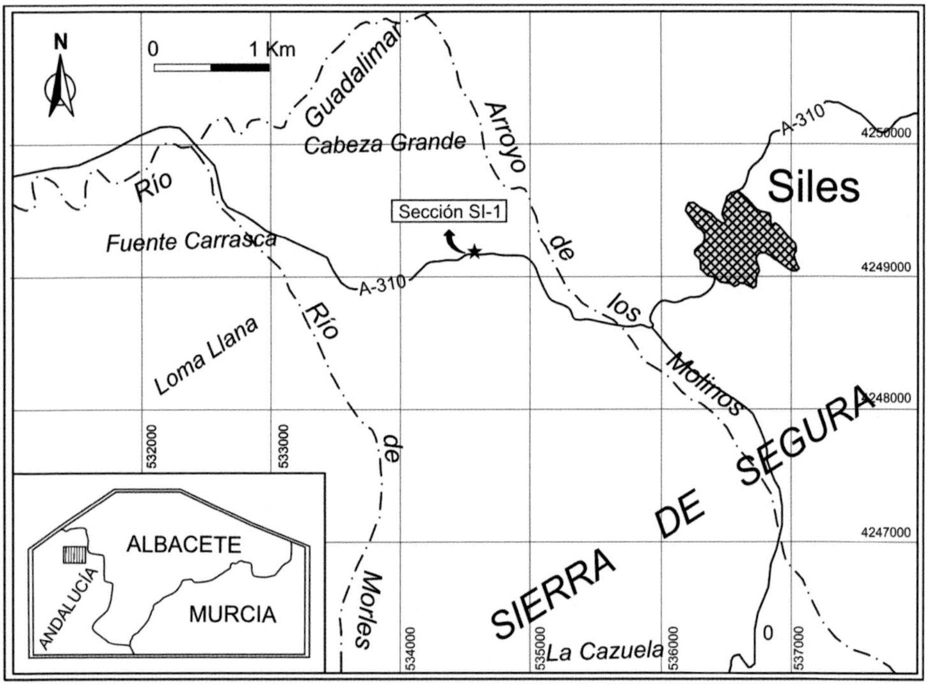

FIGURA 2.1. Situación geográfica de la Sección de Siles (SI-1). Se incluyen las principales poblaciones, carreteras y otros términos geográficos importantes.

La sección visitada (Sección SI-1, Figs. 2.1 y 2.2) es una continuación lateral de la Sección SIL-1 (situada un kilómetro al suroeste) que representa el Holoestratotipo de la Formación Siles (Pérez-Valera y Pérez-López, 2008, pág. 66, Fig.6) y cuya área tipo es precisamente la región de Hornos-Siles. En general, en la Sección SI-1 los materiales carbonatados de la unidad litoestratigráfica en cuestión tienen una potencia aproximada de 35 metros, y forman un pequeño sinclinal de eje norte-sur cuyos flancos están separados por una falla situada aproximadamente en mitad de la sección.

La sucesión carbonatada se sitúa en contacto normal sobre materiales detríticos de facies *Buntsandstein* (Formación Arroyo Molinos) y debajo de otros materiales detrítico-evaporíticos de facies *Keuper*. En la sección se pueden distinguir dos miembros separados por una superficie endurecida de tipo *hardground*. El Miembro Inferior está formado por ocho metros de dolomías que constituyen la base de la sección (Fig. 2.2, niveles 1-3), con estratificaciones y laminaciones cruzadas, que evolucionan hacia arriba a calizas margosas finamente laminadas (con aspecto lajoso), con estratificaciones onduladas y frecuentes estructuras debidas a tormentas (*gutter cast y pot cast* según Pérez-López, 2001; y tempestitas, niveles 5 y 6, de acuerdo con Pérez-López y Pérez-Valera, 2012). En la base del nivel 6, se han encontrado varios ejemplares sueltos de ammonoideos, que dadas sus características y el alto buzamiento de las capas es fácil asumir que vengan de algún intervalo u horizonte incluido en la base de dicho nivel.

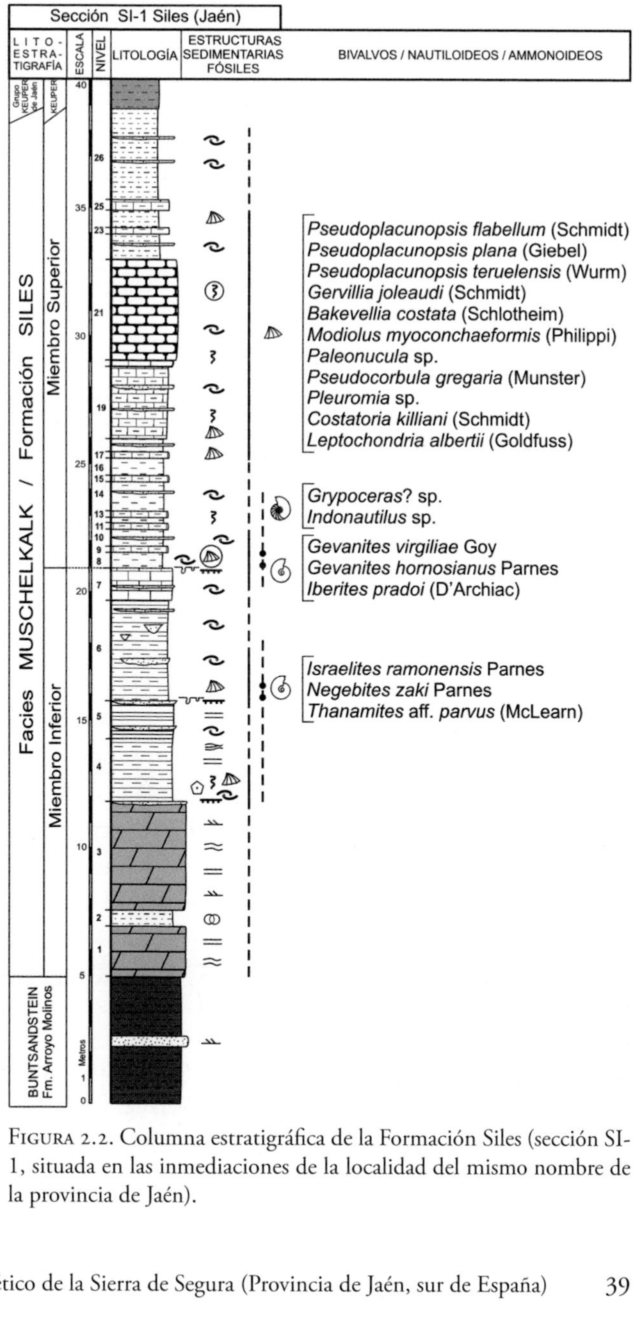

FIGURA 2.2. Columna estratigráfica de la Formación Siles (sección SI-1, situada en las inmediaciones de la localidad del mismo nombre de la provincia de Jaén).

El Miembro Superior se sitúa sobre una superficie de tipo *hardground* ferruginoso (a techo del nivel 7), y está dominado por calizas margosas, calizas tableadas y margocalizas con intercalaciones de niveles bioclásticos (tempestitas) ricos en bivalvos y

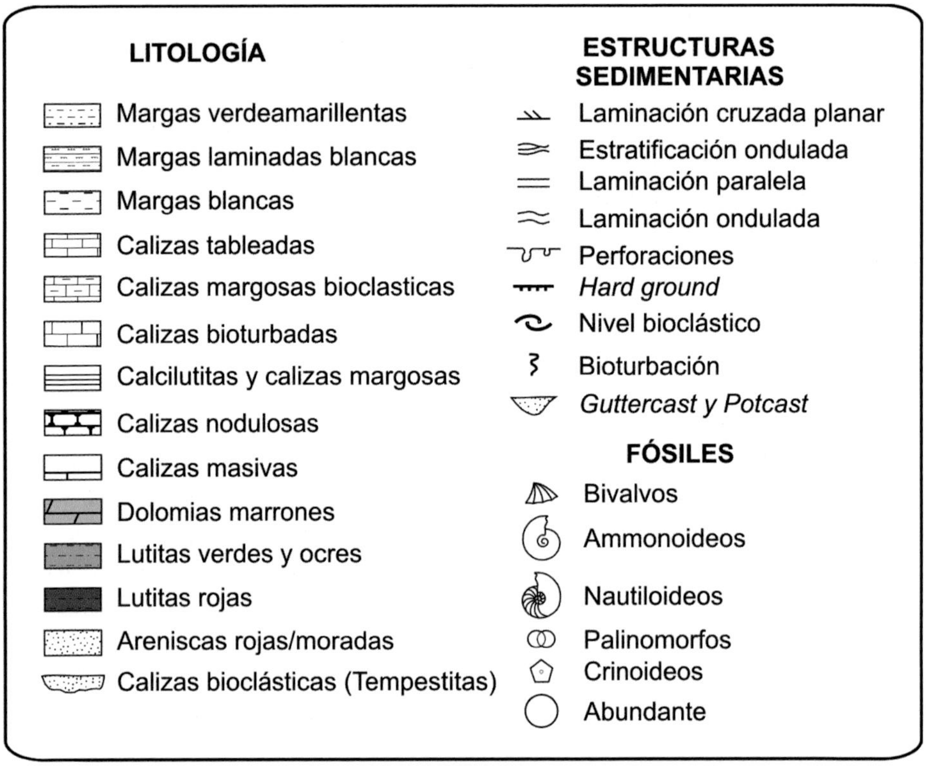

Figura 2.3. Leyenda para la columna estratigráfica de la Formación Siles (SI-1).

frecuentes bioturbaciones. Inmediatamente por encima del *hardground* que separa ambos miembros se observa un pequeño intervalo laminado con acumulación de bioclastos (similar a un *lag* transgresivo) y se sitúa el nivel de margas y margocalizas donde se han hallado otros ejemplares de ammonoideos y numerosos bivalvos (Figs. 2.2 y 2.3, nivel 8; Fig. 2.4A y B). Por encima es destacable el nivel 21, característico de la parte alta de la Formación Siles en este sector, que se compone de calizas bioclásticas bioturbadas de aspecto arriñonado, que le confiere en conjunto un carácter noduloso. Dentro de este nivel se pueden observar varios intervalos bioclásticos debidos a tormentas colonizados por bivalvos cementantes como *Pseudoplacunopsis* (Jiménez Jiménez *et al.*, 2003), seguidos de intervalos margosos con bioturbaciones tipo *Planolites.*

El tránsito a la facies Keuper se realiza mediante niveles margosos y lutíticos, con esporádicos niveles bioclásticos muy finos (Fig. 2.2).

PALEONTOLOGÍA

Invertebrados

En la sección estudiada se podrán observar principalmente fósiles de invertebrados, siendo dominantes diversas especies de bivalvos, que suelen formar la mayoría de los niveles bioclásticos y en ocasiones comunidades de organismos cementantes o encostrantes (Fig. 2.4). En este sentido, Niemeyer (2002) hace una descripción detallada de los bivalvos encontrados en las inmediaciones de Siles, de los que cita especies pertenecientes a más de 10 géneros distintos destacando varias de ellas típicas del Ladiniense de la Provincia Sefardí como: *Gervillia* cf. *joleaudi* (Schmidt), *Enantiostreon difforme* (Schlotheim), *Placunopsis* [= *Pseudoplacunopsis*] *teruelensis* Wurm [= *Pseudoplacunopsis teruelensis*] y *Placunopsis* [= *Pseudoplacunospsis*] *ostracina* (Schlotheim) [= *Pseudoplacunospsis ostracina*], *Pseudocorbula gregaria* (Münster), *Myophoria* [=*Costatoria*] *killiani* Schmidt, entre otros. Por su parte Márquez-Aliaga *et al.* (1986) y Jiménez Jiménez *et al.* (2003) citan los siguientes taxones, sobre todo en la parte alta de la sección: *Pseudoplacunopsis flabellum* (Schmidt), *Pseudoplacunopsis plana* (Giebel), *Pseudoplacunopsis teruelensis* (Wurm), *Gervillia joleaudi* (Schmidt), *Bakevellia costata* (Schlotheim), *Modiolus myoconchaeformis* (Philippi), *Paleonucula* sp., *Pseudocorbula gregaria* (Munster), *Pleuromia* sp., *Costatoria killiani* (Schmidt) y *Leptochondria albertii* (Goldfuss), entre otros. Se trata de una asociación típica del Ladiniense de la Provincia Sefardí, con algunos taxones endémicos.

Niemeyer (2002) también describe braquiópodos inarticulados del género *Lingula* Bruguiere así como serpúlidos del género *Spirorbis* Daudin, equinodermos de los géneros *Miocidaris* Dodërlein y *Cidaris* Leske y crinoideos del género *Encrinus* Schulze. El mismo autor cita gasterópodos de los géneros *Worthenia* De Koninck, *Neritaria* Koken, *Loxonema* Phillips, *Zygopleura* Koken y *Tripanostylus* Cossmann, entre otros, y escafópodos como *Dentalium* (*Antalis*) *laeve* (Schlotheim). Es particularmente interesante la asociación de cefalópodos nautiloideos y ammonoideos que describe. De los nautiloideos destacan dos especies: *Germanonautilus bidorsatus* (Schlotheim) y *Paranautilus pseudobrembanus* (Assmann). Sobre los cefalópodos ammonoideos cita las siguientes especies, algunas de las cuales fueron refiguradas por Rein (2008) y están siendo revisadas en trabajos que se están realizando actualmente: *Ceratites* (*Progonoceratites*) *armatus* Philippi [= *Gevanites virgiliae* Goy], *Ceratites* (*Progonoceratites*) aff. *atavus* Philippi [= ?*Gevanites hornosianus* Parnes], *Ceratites* (*Ceratites*) aff. *praecursor* Riedel [= *Gevanites virgiliae* Goy], *Hungarites pradoi* (D´Archiac) [= *Israelites ramonensis* Parnes], *Hungarites* aff. *mojsisovicsi* (Roth) [= ?*Negebites zaki* Parnes], ver Fig. 2.4.

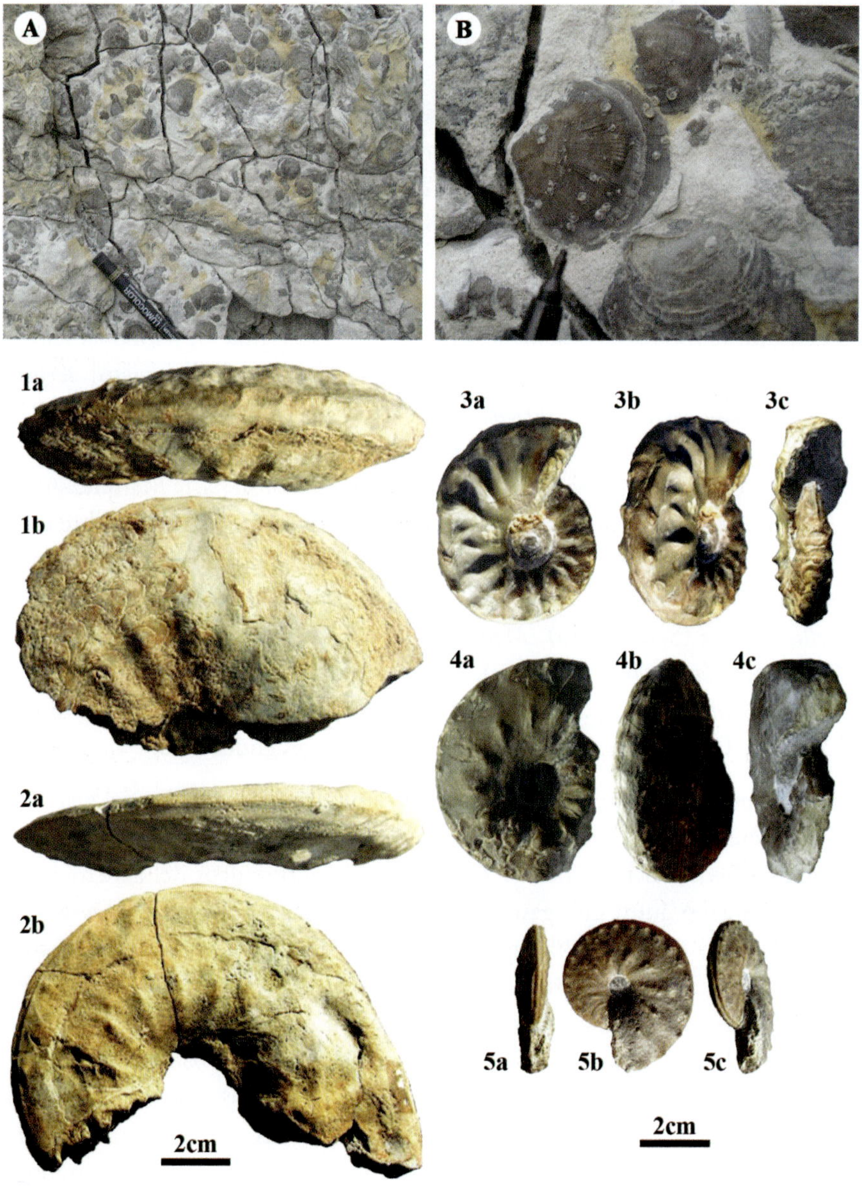

Figura 2.4. Bivalvos (A y B) y ammonoideos (1-5) representativos del afloramiento de la Formación Siles (Ladiniense). A: Vista general de un nivel que representa una asociación autóctona de bivalvos cementantes (abundan ejemplares del género *Pseudoplacunopsis* Bittner como *P. flabellum*, *P. plana* y *P. teruelensis*). B: Detalle de algunos *Pseudoplacunopsis* que poseen pequeños ejemplares de *Spirorbis* incrustados. 1 y 2: *Israelites ramonensis* Parnes. 3 y 4: *Gevanites virgiliae* Goy. 5: *Gevanites hornosianus* Parnes. Los ammonoideos se han refigurado y revisado a partir de Rein (2008), quien a su vez los revisó de Niemeyer (2002).

En relación con los nuevos hallazgos de cefalópodos nautiloideos y ammonoideos hallados en la sección por los autores, ya se han publicado algunos datos (Pérez-Valera *et al.*, 2014) y los demás se están estudiando y forman parte de trabajos y monografías que incluyen otras secciones del sector oriental de la Cordillera Bética (Tesis Doctoral de J. A. Pérez-Valera, en realización). Así, concretamente en esta sección se han encontrado nautiloideos de los géneros *Grypoceras*? Hyatt e *Indonautilus* Mojsisovics y ammonoideos representativos de 6 especies, todos ellos en la parte baja y media de la sección (Fig. 2.2, niveles 4, 5, 6 y 8). Se trata de *Israelites ramonensis* Parnes, *Negebites zaki* Parnes, *Thanamites* aff. *parvus* (McLearn), *Gevanites virgiliae* Goy, *Gevanites hornosianus* Parnes e *Iberites pradoi* (D'Archiac). Esta asociación es típica del Ladiniense Inferior de la Provincia Sefardí y permite suponer la presencia de la Zona Curionii (según Pérez-Valera, 2005) casi desde la base de los carbonatos.

Respecto a las trazas fósiles, a lo largo de la sucesión se pueden identificar algunas como *Planolites*, *Thalassinoides*, *Spongeliomorpha*, *Diploclaterium*, *Rhizocorallium*, entre otras, y en las superficies tipo *hardground* diversos tipos de perforaciones (*boring*).

Vertebrados

En diversos estudios micropaleontológicos sobre las calizas fosilíferas próximas a Siles se han podido determinar elementos conodontales también típicos del Ladiniense como *Pseudofurnishius murcianus* van der Boorgaard, según Hirsch (1972 y 1977). Por su parte, Sykes y Simon (1975) citan dientes de peces y Niemeyer (2002) describe también dientes y huesos de peces de los géneros *Hybodus*, *Acrodus*, *Girolepis*, *Colobodus* y *Saurichthys* Agassiz, además de restos de crosopterigios indeterminados. Sobre reptiles, este mismo autor cita y figura diversos huesos, vértebras, dientes y osteodermos principalmente de Notosaurios y Placodontos, aunque también de otras especies.

Capítulo 3

EL JURÁSICO SUPERIOR

En líneas generales, los materiales correspondientes al Jurásico Superior en el Prebético poseen un registro incompleto, con una clara diferenciación de acuerdo con su distribución en el Prebético Externo e Interno (p.ej., Azèma *et al.*, 1979; García-Hernández *et al.*, 1979; García-Hernández y López-Garrido, 1979a, b; Rodríguez-Tovar, 1993; Olóriz *et al.*, 2002a; Reolid, 2003). Los primeros materiales del Jurásico Superior, situados sobre los carbonatos de plataforma del Jurásico Inferior y Medio, son de edad Oxfordiense medio (Zonas de Antecedens y Riazi; Oloriz *et al.*, 2002a), no reconociéndose materiales del Oxfordiense inferior (Reolid, 2003; Vera, 2004). Sedimentos carbonatados del Oxfordiense medio y superior y Kimmeridgiense inferior se reconocen tanto en el Prebético Externo como en el Interno (Fig. 1.6), fundamentalmente con facies pelágicas (calizas de aspecto noduloso, margas y margocalizas con ammonites, entre otras; García-Hernández *et al.*, 1979). Sobre los materiales del Kimmeridgiense inferior se registran los correspondientes al tránsito Jurásico-Cretácico, representados fundamentalmente en el Prebético Interno (García-Hernández y López-Garrido, 1979a). De acuerdo con García-Hernández y López-Garrido (1979b), en el Prebético Externo el Kimmeridgiense medio y superior sólo se presenta, con facies dolomíticas, en la Sierra de Cazorla, mientras que no se encuentran materiales de edad Titoniense-Berriasiense basal. Por el contrario, en el Prebético Interno los afloramientos del Kimmeridgiense medio y superior y Titoniense-Berriasiense basal están mucho mejor representados, son más potentes y registran una mayor variabilidad de facies (Fig. 1.6).

El Oxfordiense del Prebético Externo, en el sector oriental (Altos de Chinchilla), está constituido predominantemente por calizas con esponjas, mientras que en el sector central (Sierra de Cazorla) lo hace la ritmita margoso-calcárea. En el Prebético Interno, que representa un área más distal en la plataforma, el Oxfordiense está constituido por calizas de aspecto anodulado. El Kimmeridgiense inferior y medio está representado en todo el Prebético por una potente sucesión de ritmitas margoso-calcáreas bastante constante en todo el dominio.

En líneas generales los materiales del Oxfordiense se caracterizan por la abundancia de restos fósiles con una alta proporción de ammonites, belemnites y esponjas. Mientras que los del Kimmeridgiense inferior y medio son bastante pobres en restos fosiles. Estos materiales están limitados en la base por una discontinuidad reconocida a techo de las calizas oolíticas y dolomías del Jurásico Inferior y Medio (Fig. 1.6). El límite entre los materiales del Oxfordiense y Kimmeridgiense se reconoce a techo de un nivel de condensación con superficie ferruginizada y alta concentración de restos fósiles que en ocasiones constituye una superficie de omisión y en otras un *hardground* (Reolid, 2003), o bien en el interior de una ritmita margoso-calcárea donde se localizaría el límite tradicional Oxfordiense-Kimmeridgiense entre las Zonas Planula y Platynota (Rodríguez-Tovar, 1990, 1993; Olóriz *et al.*, 1994). El límite del Kimmeridgiense medio con el Kimmeridgiense superior + Titoniense - Berriasiense se identifica en la base de una potente barra de dolomías.

La relativa abundancia de restos fósiles de macro y microinvertebrados ha permitido la caracterización bioestratigráfica de los materiales del Jurásico Superior, aunque el detalle de la misma ha sido variable de acuerdo con el tipo de facies y con los restos fósiles utilizados. Como detallan Olóriz *et al.* (1999, 2002a), la bioestratigrafía del Oxfordiense y Kimmeridgiense medio (parte inferior) se basa, principalmente, en ammonites, permitiendo subdivisiones a nivel, incluso, de horizonte bioestratigráfico. La gran profusión de restos fósiles en estos materiales justifica el detallado estudio que se presenta en este capítulo. Por otro lado, el Kimmeridgiense medio al Cretácico inferior, la bioestratigrafía se ha fundamentado en foraminíferos bentónicos y algas dasycladales, lo que determina una menor precisión bioestratigráfica y sirve de pretexto para plantear estudios paleontológicos menos detallados.

OXFORDIENSE-KIMMERIDGIENSE BASAL (ZONA PLANULA)

Para el análisis de los materiales depositados en este intervalo de tiempo, se va a considerar principalmente la sección de Navalperal. Este afloramiento está situado en la Sierra de Segura (provincia de Jaén), en la ladera O del Calar de Navalperal (Fig. 3.1A). El acceso se realiza siguiendo la carretera que une la aldea de Los Arroyos con el pueblo de Segura de la Sierra (coordenadas 2º36'46"O, 38º18'46"N). Este perfil fue inicialmente descrito por López-Garrido y Jerez-Mir (1971) y posteriormente estudiado en detalle por Olóriz *et al.* (2002a, 2004), Reolid (2003), Reolid *et al.* (2005) y Rodríguez-Tovar *et al.* (2010).

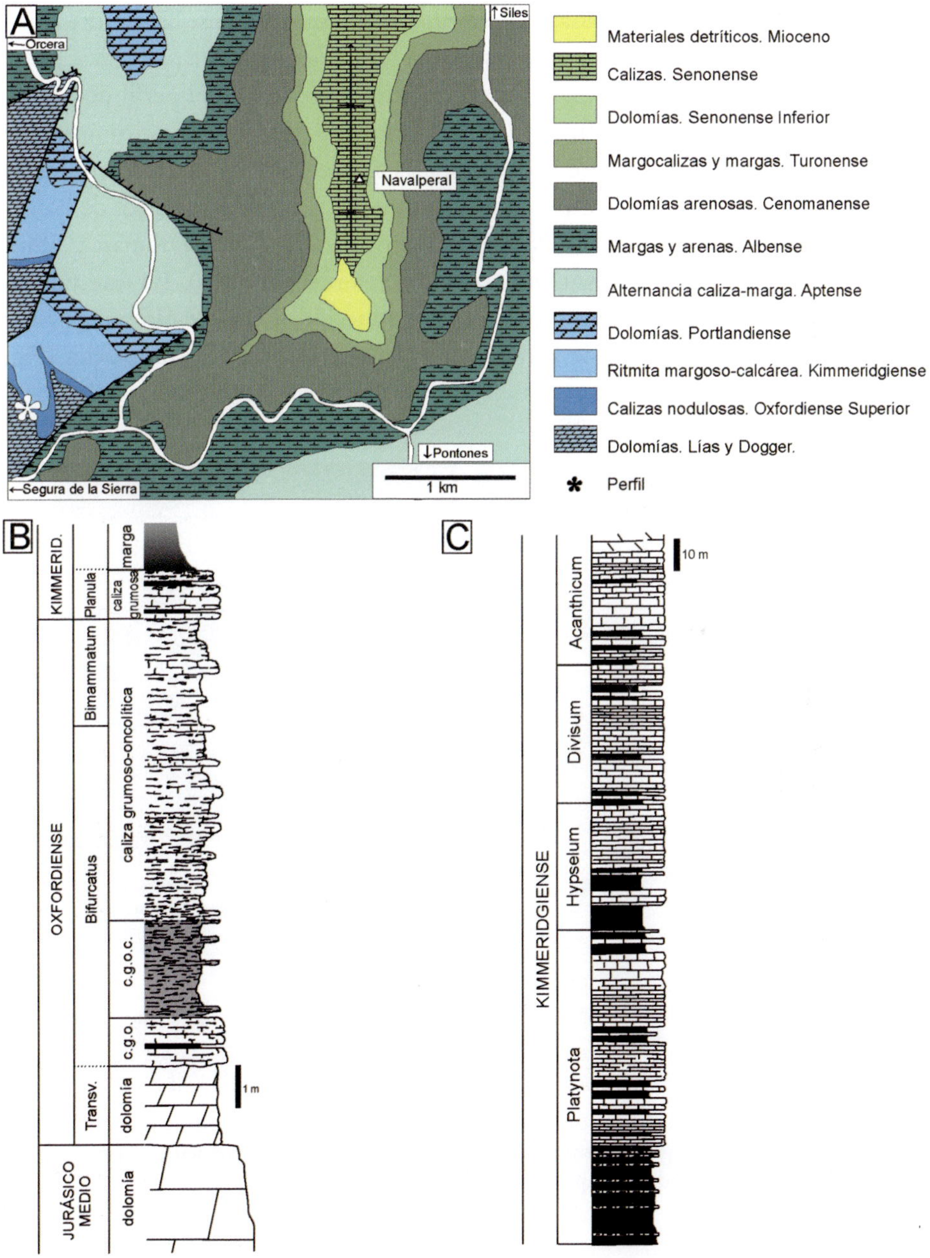

Figura 3.1. A. Localización geológica de los afloramientos jurásicos de la serie tipo de Navalperal. B. Columna estratigráfica detallada del intervalo más carbonatado del Oxfordiense medio–Kimmeridgiense basal con facies grumosas. Nota: c.g.o. para caliza grumoso-oncolítica; c.g.o.c. para caliza grumoso-oncolítica condensada. C. Columna estratigráfica del intervalo margoso-calcáreo del Kimmeridgiense inferior y medio.

La sucesión más carbonatada del Oxfordiense-Kimmeridgiense basal tiene aproximadamente 15 m de espesor y está compuesta fundamentalmente por calizas grises de apariencia anodulada (Fig. 3.1B). Las litofacies presentes en el perfil de Navalperal y en otros del Prebético Interno se han dado en llamar litofacies grumosas. Se caracterizan por su aspecto anodulado, similares a nivel micro y macroscópico a las *calcaires grumeleux* descritas por numerosos autores en materiales jurásicos de Portugal y Francia (Bourseau y Elmi, 1980; Dommergues *et al.*, 1981; Dromart y Elmi, 1985, 1986; Elmi *et al.*, 1988; Dromart *et al.*, 1994; entre otros). En este trabajo se utilizará el término facies grumosas como traducción literal de *facies grumeleux* y *lumpy facies*. En la sección de Navalperal se han identificado tres litofacies (Fig. 3.1B): calizas grumosas, calizas grumoso-oncolíticas (Fig. 3.2A) y calizas grumoso-oncolíticas condensada (Fig. 3.2B).

FIGURA 3.2. A. Escarpe formado por caliza grumoso-oncolítica (parte superior de la Zona Bifurcatus, Oxfordiense superior). B. Aspecto de campo de la caliza grumoso-oncolítica condensada (parte inferior de la Zona Bifurcatus, Oxfordiense superior).

Litofacies de caliza grumosa

Se trata de tramos de estratos calizos bien definidos cuyo espesor individual ronda los 25 cm en los perfiles del Prebético Interno. El espesor de estos materiales nunca supera los 2 m. Pueden presentar pequeñas intercalaciones margosas inferiores a 10 cm, niveles superiores con techos de aspecto anodulado y abundantes bioturbaciones, así como tonos amarillentos debido a la presencia de óxidos de hierro. Presenta una fábrica desorganizada con orientación caótica de los granos, siendo mayoritariamente grano-soportada y en menor proporción matriz-soportada. Predomina la textura *packstone* con un 51% de granos. Dentro de los granos predominan los *lumps* (39%), término que hace referencia a elementos subesféricos micríticos de un tamaño inferior a 7,5 mm (Dromart *et al.*, 1994; Olóriz *et al.*, 2002a). El resto de granos corresponden a bioclastos, peloides y granos no carbonatados (cuarzo, glauconita peloidal y óxidos de hierro).

Litofacies de caliza grumoso-oncolítica

Está constituida por calizas de aspecto anodulado en las que se reconocen algunos tramos con disminución de la apariencia nodular y del contenido arcilloso hacia techo (Fig. 3.2A). La fábrica registrada, tanto grano-soportada como matriz-soportada, se presenta internamente desorganizada. Localmente aparecen fábricas laminadas de origen microbiano con escaso desarrollo. Al microscopio muestran texturas *packstone* y *wackestone* con una proporción media de granos frente a matriz (49%). Los granos más comunes son *lumps* (35%; Fig. 3.3A), seguidos de oncoides (24%; Fig. 3.3B) mayoritariamente oncoides de nubeculáridos frente a oncoides microbianos (Reolid, 2003; Reolid *et al.*, 2005). Los bioclastos son muy abundantes (17%), siendo los más frecuentes los filamentos, fragmentos de equinoideos (equinodermos, crinoideos y ofiuroideos) y foraminíferos. Localmente son muy abundantes las espículas de esponja, junto con la aparición de tuberoides, un tipo particular de intraclasto subredondeado resultado de la destrucción parcial de la estructura de las esponjas (Gaillard, 1983; Reolid, 2007).

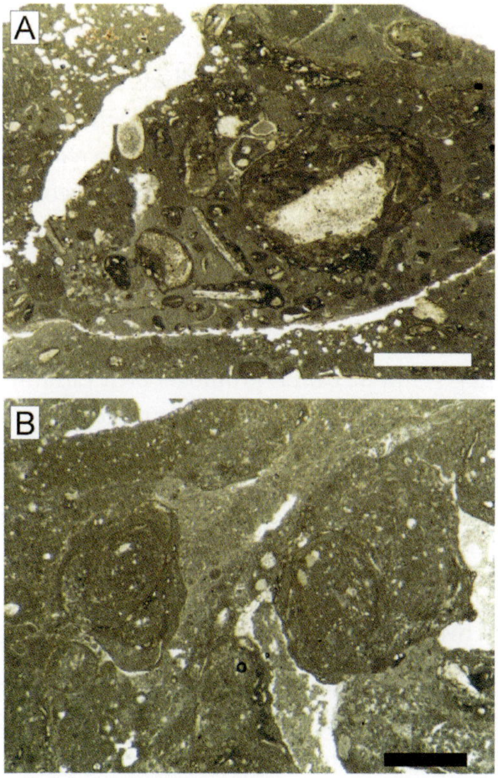

FIGURA 3.3. Microfacies características de las facies grumoso-oncolíticas ricas en *lumps* (A) y oncoides (B). Escala 1 mm.

Litofacies de caliza grumoso-oncolítica condensada

Se trata de niveles calizos con apariencia nodular y grumosa, con superficies de estratificación poco marcadas e irregulares (Fig. 3.2B), en los que alternan delgados lechos más carbonatados, con menor contenido arcilloso y menor apariencia nodular. No se puede hablar de calizas nodulosas *s. str.* ya que sólo presentan apariencia nodular externa y en las microfacies no se observan verdaderos nódulos de origen diagenético. La fábrica, intermedia entre grano-soportada y matriz-soportada, no presenta ninguna organización. También aparecen fábricas laminadas de origen microbiano con escaso desarrollo vertical y horizontal. La textura es un *packstone-wackestone* de *lumps* y oncoides de nubeculáridos. Los granos constituyen el 45% de la roca, entre los que predominan *lumps* (30%), bioclastos (24%) y grandes oncoides (23%) tanto microbianos como de nubeculáridos. Dentro de los bioclastos predominan los fragmentos de equinoideos, filamentos, foraminíferos y radiolarios. No se han encontrado granos no carbonatados a excepción de algunos óxidos de hierro. El aspecto nodular lo proporciona la gran cantidad de restos de ammonoideos, los encostramientos y el grado de condensación.

Estas litofacies se distribuyen de la siguiente manera (Fig. 3.1B). Los 2 primeros metros del perfil corresponden a calizas grumoso-oncolíticas dolomitizadas y presentan escasos fósiles, en su mayoría mal conservados. Sobre las dolomías se reconoce 1,5 m de calizas grumoso-oncolíticas con abundantes restos fósiles y algunos espongiarios. A continuación, 2,7 m de caliza grumoso-oncolítica condensada con abundante fauna de ammonoideos perisphinctoides, a la que siguen 7,3 m de caliza grumoso-oncolítica con apariencia anodulada menos acentuada y disposición de secuencias de apariencia nodular decreciente hacia la parte superior. Finalmente hay 1,5 m de calizas grumosas bien estratificadas con delgadas intercalaciones margosas, caracterizadas por presentar techos muy bioturbados (*Thalassinoides*), con alta concentración de restos fósiles y óxidos de hierro. Sobre esta superficie se registra un potente tramo margoso que da paso a una continua sucesión de margas y margocalizas del Kimmeridgiense inferior.

KIMMERIDGIENSE

La sucesión del Kimmeridgiense inferior (Zona Platynota) – medio (Zona Acanthicum) en el perfil de Navalperal (Fig. 3.1C) está compuesta por una alternacia de margas, margocalizas y, mayoritariamente, calizas, con un espesor de aproximadamente 115 m de potencia (Rodríguez-Tovar, 1993). El límite inferior se sitúa a techo de las calizas grumosas de la Zona Planula (Kimmeridgiense basal) y el superior se hace corresponder con el paso gradual que se reconoce entre los niveles calizos de techo y un tramo suprayacente de carácter dolomítico (J1 en García-Hernández, 1978).

Domina el carácter carbonatado en toda la sucesión, aunque se reconocen dos tramos de margas y margocalizas hacia las partes inferior y media de la misma. En la parte inferior, en contacto con las calizas grumosas, existe un tramo de unos 16 m de potencia en cuya base se registra un intervalo margoso de unos 6 m de espesor. Sobre este tramo existe una sucesión de unos 26 m de potencia, caracterizada por la alternancia de niveles calizos y margosos. La serie continúa con un nuevo intervalo predominantemente margoso de unos 40 m, al que sigue un último intervalo carbonatado con aproximadamente 60 m de potencia. La dolomitización se hace más importante hacia el techo de la serie.

Desde el punto de vista de las litofacies se trata de una alternancia de margas y margocalizas generalmente con texturas *mudstones*. Hacia la parte alta de la sección se hacen más comunes los oncoides y los fragmentos de macroinvertebrados (a partir de la Zona Divisum). Entre los bioclastos destacan los filamentos, radiolarios y foraminíferos del Orden Robertinina y Lagenina.

El análisis cicloestratigráfico de la sucesión rítmica caliza-marga en afloramientos cercanos al de Navalperal (sección de Segura de la Sierra) puso de manifiesto la incidencia orbital en el depósito, y el registro de los ciclos de Milankovitch asociados a la precesión, oblicuidad y excentricidad de corto y largo período (Olóriz *et al.*, 1992a; Rodríguez-Tovar, 1993).

BIOESTRATIGRAFÍA

De acuerdo con la distribución establecida a partir de los restos de ammonoideos, el análisis biocronoestratigráfico permite el reconocimiento de las zonas estándar del Oxfordiense superior-Kimmeridgiense medio de la Europa meridional submediterránea (Cariou *et al.*, 1971, 1991).

Zona Bifurcatus (Oxfordiense superior)

El rango estratigráfico del género *Dichotomoceras* identifica la Zona Bifurcatus. La mayor parte de las formas corresponden a los grupos de *bifurcatoides* y *stenocycloides*, cuya distribución caracteriza la parte inferior de la Zona Bifurcatus (subzona Bifurcatoides/Stenocycloides). Los restos de las especies citadas son abundantes y están acompañados hacia la parte superior de esta subzona por el registro menos frecuente de especies pequeñas como *Perisphinctes* (*Dichotomoceras*) *duongi* y *P.* (*Dichotomoceras*) *falculae* y *Gregoryceras* sp. (Olóriz *et al.*, 1999; Reolid, 2003). La Subzona Bifurcatoides/Stenocycloides propuesta es equivalente a la Subzona Stenocycloides, tal y como es reconocida en la Cordillera Ibérica (Meléndez, 1989; Cariou y Meléndez, 1990; Bello *et al.*, 1995), así como a la Subzona Bifurcatoides propuesta por Cariou *et al.* (1991) como un estándar para la Europa submeditarránea.

El registro de *Perisphinctes* (*Dichotomoceras*) *grossouvrei* ha sido empleado para identificar la Subzona Grossouvrei, equivalente a la diferenciada en la Cordillera Ibérica (Meléndez, 1989; Cariou y Meléndez, 1990) y al estándar establecido para la Europa meridional submediterránea (Cariou *et al.*, 1991). Además, se ha registrado *P.* (*Dichotomoceras*) *crassus*, *P.* (*Dichotomoceras*) *bifurcatus*, *Mirosphinctes* cf. *bukowskii*, *Ochetoceras hispidum*, *O. canaliculatum* y *O. marantiamum*.

Zona Bimammatum (Oxfordiense superior)

La base de la Zona Bimammatum ha sido interpretada en relación con el registro del género *Epipeltoceras*, y el registro de *Passendorferia* (*Enayites*) sp. gr. *arancensis* y *Pass.* (*Enayites*) sp. trans. *idoceroides – arancensis* (biohorizonte *arancensis*). También se ha registrado *Orthosphinctes* cf. *fontannesi*, *Euaspidoceras* sp. gr. *hypselum*, *Epipeltoceras* sp. gr. *semimammatum*, *E. berrense*, *Passendorferia* (*Enayites*) sp. cf. *rozaki*, que permiten la identificación de la Subzona Hypselum.

La base de la Subzona Bimammatum se relaciona con la aparición de *Orthosphinctes* cf. *tiziani*, *Aspidoceras* sp. gr. *binodum*, *Physodoceras* y la primera aparición de *Barthelia*. La especie índice *Epipeltoceras bimammatum* no es muy frecuente pero ha sido registrada.

Olóriz *et al.* (1999) interpretan provisionalmente para el Prebético el intervalo estratigráfico comprendido entre la última aparición de *Epipeltoceras* y la primera de *Orthosphinctes mogosensis*, como la Subzona Hauffianum/Tiziani. Este intervalo estratigráfico muestra una mayor frecuencia de *Orthosphinctes* sp. gr. *tiziani - tizianiformis*, como ocurre en otras áreas epicontinentales europeas (Atrops y Meléndez, 1993; Meléndez *et al.*, 1995; Schweigert y Callomon, 1997), y la presencia de *T.* (*Metahaplоceras*) sp. gr. *muehlheimense*.

Zona Planula (Kimmeridgiense inferior)

La Zona Planula se relaciona con el registro del género *Subnebrodites*. Sin embargo, en otros afloramientos del Prebético la primera aparición de *Orthosphinctes mogosensis* es utilizada para reconocer la parte inferior de la Subzona Planula (Olóriz *et al.*, 1999). Se han registrado *Orthosphinctes mogosensis*, *Subnebrodites* sp. gr. *minutum*, *Subnebrodites tonnerrense*, *Subnebrodites schroederi*, *Subnebrodites planula* y *Subnebrodites* sp. gr. *laxevolutum*.

Zona Platynota (Kimmeridgiense inferior)

La base de la Zona Platynota constituye el límite superior del intervalo estudiado, reconociéndose por el primer registro de *Sutneria platynota*. Corresponde a los primeros niveles calizos o margocalizos que suceden al intervalo de litofacies de marga (Rodríguez-Tovar, 1993; Olóriz y Rodríguez-Tovar, 1996, 1999), que como se indicó anteriormente, suele carecer de restos de macroinvertebrados fósiles. Entre las formas frecuentes que han sido registradas en la Zona Platynota cabría destacar (Rodríguez-Tovar, 1993): *Taramelliceras (Metahaploceras) litocerum*, *T. (M.) subnereus*, *T. (M.) kobyi wegelei*, *Creniceras dentatum*, *Glochiceras (Glochiceras) nimbatum*, *G. (Lingulaticeras) nudatum*, *G. (Coryceras) modestiforme*, *G. (Granulochetoceras) cristatum*, *Physodoceras altenense*, *Idoceras* sp. gr. *sautieri*, *Nebrodites (Nebrodites)* sp. gr. *malletianus*, *N. (N.) hospes hospes*, *O. (Ardescia) proinconditus*, *O. (A.)* sp. gr. *desmoides desmoides*, *O. (Lithacosphinctes) pseudoachilles*, *O. (L.)* sp. cf. *stromeri*, y *Sutneria platynota*.

Zona Hypselum (Kimmeridgiense inferior)

Se reconoce por la generalización del género *Ataxioceras*, siendo el límite superior identificado por los últimos registros de este género. La asociación está compuesta por *Taramelliceras (Metahaploceras) litocerum*, *Glochiceras (Glochiceras) nimbatum*, *Glochiceras (Lingulaticeras) lingulatum*, *Aspidoceras binodum*, *Nebrodites (Nebrodites) hospes*, *Ataxioceras (Parataxioceras) lothari lothari* y *Sutneria cyclodorsata*.

Zona Divisum (Kimmeridgiense inferior)

Se ha reconocido por el registro de *Crussoliceras* sp., *Idoceras balderum* y *Orthaspidoceras uhlandi*. El límite inferior coincide con la desaparición de *Ataxioceras*, y el superior con la desaparición de *O. uhlandi*. Otras formas identificadas son *Streblites tenuilobatus*, *Glochiceras (Glochiceras) nimbatum*, *Glochiceras (Lingulaticeras) nudatum*, *Pseudowaagenia micropla*, *Idoceras sautieri*, *Nebrodites (Nebrodites) hospes*, *Nebrodites (Mesosimoceras)* sp. gr. *herbichi*, *Sutneria* sp. gr. *cyclodorsata* y *Sutneria* sp. gr. *batalleri*.

Zona Acanthicum (Kimmeridgiense medio)

Se ha identificado por el registro de *Taramelliceras compsum*. Otras formas reconocidas en esta zona son *Taramelliceras* (*Taramelliceras*) sp. gr. *compsum*, *Nebrodites* (*Nebrodites*) *peltoideus*, *Nebrodites* (*N.*) sp. gr. *agrigetum-doubleri*, *Nebrodites* (*N.*) sp. gr. *herbichi-teres* y *Sutneria* sp. gr. *cyclodorsata*.

ASOCIACIONES DE FORAMINÍFEROS

Los foraminíferos registrados en las microfacies del Oxfordiense son fundamentalmente bentónicos, y corresponden tanto a formas de paredes aglutinadas (Fig. 3.4) como calcáreas-perforadas y aporcelanadas (Fig. 3.5), reconociéndose los subórdenes Textulariina, Lagenina, Spirillinina, Rotaliina, Globigerinina, Milionina y Robertinina.

En las facies de caliza grumosa dominan los bentónicos vágiles (72%), seguidos de foraminíferos planctónicos y por último bentónicos sésiles. La composición de la asociación de foraminíferos bentónicos vágiles muestra un predominio de las formas aglutinadas (47%), principalmente *Ammobaculites* y *Reophax*. Ophthalmídidos, spirillínidos y nodosáridos, constituyen el resto de las formas bentónicas vágiles. Los foraminíferos bentónicos sésiles están dominados por los aglutinados silíceos (40%). Los nubeculáridos son abundantes aunque su representatividad fluctúa estratigráficamente. En esta litofacies se registra el grado de fragmentación de los foraminíferos más alto, principalmente en ejemplares de *Lenticulina*. En esta litofacies se han registrado un total de 33 géneros de los que sólo 12 se presentan en proporciones superiores a 1%. El valor de α-index para la asociación de foraminíferos bentónicos es de 4,0. Desde el punto de vista paleoecológico, el bentos está dominado por aquellas formas con modo de vida epifáunico (44%) e infáunico somero (31%).

La abundancia de foraminíferos en la caliza grumoso-oncolítica es muy variable. La asociación está dominada por bentónicos vágiles (61%), le siguen los planctónicos y por último los bentónicos sésiles. La asociación de foraminíferos bentónicos vágiles está dominada por los aglutinados, mientras la asociación de foraminíferos bentónicos sésiles la componen mayoritariamente aglutinados silíceos. Los nubeculáridos son muy abundantes. En esta litofacies se han registrado 31 géneros, 12 con proporciones ≥ a 1%, con predominio de *Globuligerina* (α-index 4,4). El modo de vida dominante en el bentos es epifáunico vágil, aunque en la caliza grumoso-oncolítica registrada en la parte superior de la Zona Bifurcatus aumenta la proporción de epifauna sésil y de foraminíferos infáunicos someros, mayoritariamente *Ammobaculites*.

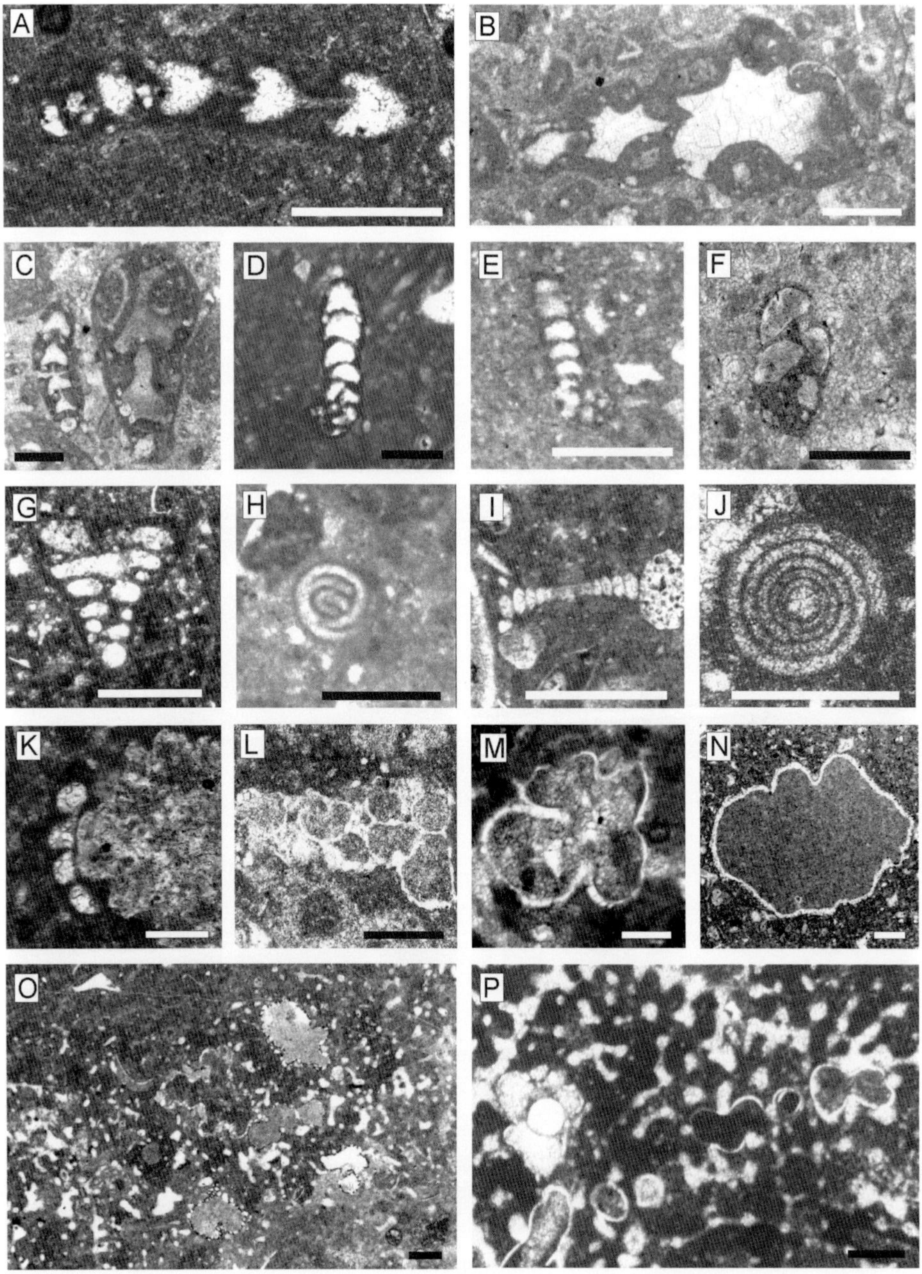

Figura 3.4. Foraminíferos bentónicos aglutinados. A. *Reophax*, B. *Ammobaculites*, C. *Reophax*, D y E. *Ammomarginulina*, F. *Verneuilinoides*, G. *Redmondoides*, H. *Glomospira*, I y J. *Ammodiscoides*, K. *Placopsilina*, L. *Subdelloidina*, M y N. *Thurammina*, O y P. *Thurammina* y *Tolypammina* respectivamente dentro del entramado de espículas de una esponja silícea. Escala 0,5 mm.

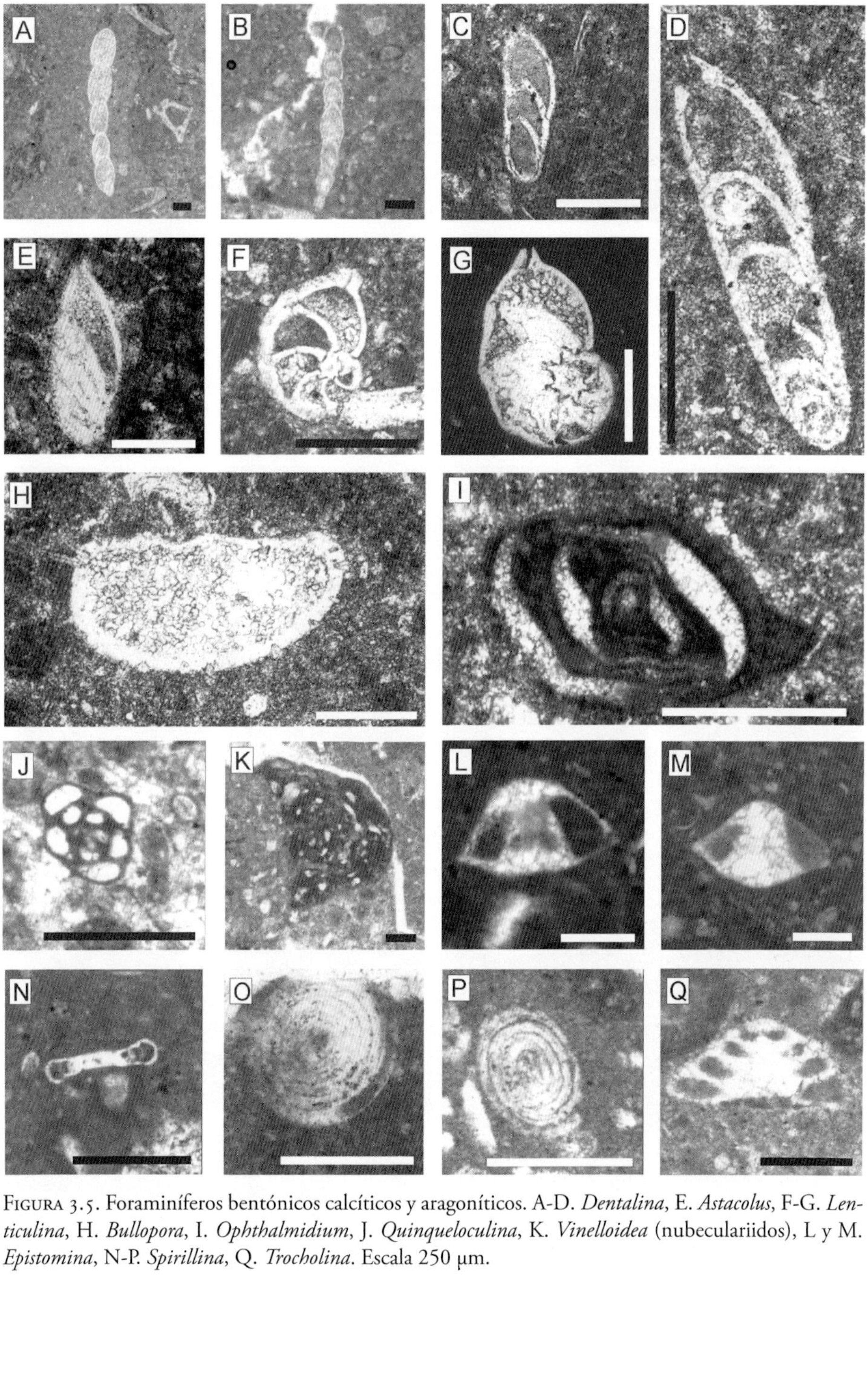

Figura 3.5. Foraminíferos bentónicos calcíticos y aragoníticos. A-D. *Dentalina*, E. *Astacolus*, F-G. *Lenticulina*, H. *Bullopora*, I. *Ophthalmidium*, J. *Quinqueloculina*, K. *Vinelloidea* (nubeculariidos), L y M. *Epistomina*, N-P. *Spirillina*, Q. *Trocholina*. Escala 250 μm.

En la caliza grumoso-oncolítica condensada la abundancia de foraminíferos es elevada, estando la asociación compuesta principalmente por *Globuligerina* (45%) y foraminíferos bentónicos vágiles, y en menor proporción sésiles. Los foraminíferos bentónicos vágiles son principalmente aglutinados, seguidos de ophthalmídidos y spirillínidos. Los foraminíferos sésiles son mayoritariamente aglutinados silíceos y *Bullopora*. Los nubeculáridos son muy abundantes y forman una parte fundamental de los oncoides. En esta litofacies el grado de fragmentación de los foraminíferos es muy bajo. La presencia de conchas fragmentadas se restringe a ejemplares de *Lenticulina* de concha gruesa (20%). Han sido identificados 23 géneros de los que 13 presentan una proporción ≥ al 1%, con clara dominancia de *Globuligerina*. El valor de α-index para la asociación de foraminíferos bentónicos es de 4,4. El bentos muestra predominio de foraminíferos epifáunicos (65%), con gran proporción de *Ophthalmidium*, *Spirillina*, *Bullopora* y *Epistomina*.

Por último, la asociación de foraminíferos que se registra en las margas y en la ritmita margoso-calcárea del Kimmeridgiense guarda muchas similitudes con las de las facies grumosas, sin embargo no aparecen foraminíferos planctónicos ni bentónicos sésiles, y la abundancia y diversidad de las asociaciones es extremadamente baja.

En conjunto, el claro predominio de los foraminíferos bentónicos vágiles y la abundancia de foraminíferos bentónicos sésiles en la asociación registrada en el dominio Prebético son rasgos característicos de un medio de plataforma. Esta asociación corresponde con la denominada asociación distal que aparece en los afloramientos del Prebético Interno, frente a la asociación proximal característica de las litofacies de caliza espongiolítica y ritmita margoso-calcárea del Prebético Externo (Olóriz *et al.*, 2003; Reolid *et al.*, 2008a, b). Se caracteriza por:

a) Valores relativamente altos de *Globuligerina* y nubeculáridos encostrantes (*Nubecularia-Nubeculinella*).

b) La asociación de foraminíferos vágiles está dominada por formas aglutinadas uniseriadas, mayoritariamente *Ammobaculites* seguidos de *Reophax* y escasos aglutinados espiralados (*Ammodiscoides*, *Glomospira* y *Trochammina*). *Ophthalmidium* y *Epistomina* presentan las proporciones más altas del Prebético.

c) Los foraminíferos sésiles están dominados por los nubeculáridos, componente fundamental de los oncoides en el grupo de litofacies grumosas, mientras el resto está constituido mayoritariamente por aglutinados silíceos.

d) Bajo grado de fragmentación, localizada mayoritariamente en ejemplares de *Lenticulina* de concha gruesa (proporción media de ejemplares de *Lenticulina* fragmentados de 43%).

e) Los mayores tamaños de *Globuligerina*, *Lenticulina*, nodosáridos uniseriados, *Ammobaculites* y *Reophax*, y el menor tamaño en *Spirillina*.

f) Los valores más altos de diversidad para las asociaciones de foraminíferos bentónicos.

Atención especial merece el registro de *Epistomina* en el Prebético Interno, tradicionalmente considerado como un foraminífero bentónico profundo propio de borde externo de la plataforma (Bernier, 1984; Samson, 2001; Olóriz *et al.*, 2003), que pese a ser escaso se distribuye en los intervalos donde *Globuligerina* es más importante.

El registro de foraminíferos se torna bastante pobre en la ritmita margoso-calcárea del Kimmeridgiense inferior tanto en diversidad como en abundancia, lo que no ha permitido la diferenciación de intervalos estratigráficos en base a las asociaciones de foraminíferos. Está claro que las condiciones ambientales cambiaron y que la alta tasa de sedimentación, teniendo en cuenta el espesor de las zonas de ammonites en comparación con las del Oxfordiense, debió ser determinante en la desaparición de las formas bentónicas sésiles, principalmente los nubeculáridos. Un aumento de la proximalidad puede ser derivado también de la práctica desaparición de los foraminíferos planctónicos.

MACROINVERTEBRADOS FÓSILES

A grandes rasgos, la asociación registrada de macroinvertebrados fósiles está claramente dominada por los ammonoideos (78%). El segundo lugar lo ocupan los macroinvertebrados bentónicos (16%). Son minoritarios otros cefalópodos (belemnoideos y nautiloideos).

Ammonoideos

Se han reconocido géneros pertenecientes a los subórdenes Phylloceratina, Lytoceratina y Ammonitina (Fig. 3.6). Entre los Phylloceratina han sido identificados *Phylloceras*, *Calliphylloceras*, *Holcophylloceras* y *Sowerbyceras*, éste último más abundante. Los Lytoceratina están representados exclusivamente por el género *Lytoceras*.

Respecto a Ammonitina, los ejemplares registrados se reparten en dos superfamilias: Haploceratoidea y Perisphinctoidea. En Haploceratoidea se han reconocido géneros de las familias Haploceratidae (Fig. 3.6) (*Taramelliceras*, *Metahaploceras*,

Streblites, Strebliticeras, Creniceras y *Barthelia*), Glochiceratidae (*Glochiceras* y *Lingulaticeras*) y Oppelidae (*Ochetoceras* y *Trimarginites*). La superfamilia Perisphinctoidea presenta géneros de las familias Aspidoceratidae (*Aspidoceras, Euaspidoceras, Clambites, Paraspidoceras, Gregoryceras, Epipeltoceras, Mirosphinctes, Pseudowaagenia, Physodoceras, Orthaspidoceras*), Perisphinctidae (*Dichotomoceras, Enayites* y *Gemmellarites*), Ataxioceratidae (*Ataxioceras, Crussoliceras, Orthosphinctes, Lithacosphinctes, Schneidia, Ardescia* y *Subnebrodites*), Simoceratidae (*Idoceras* y *Nebrodites*) y Aulacostephanidae/Aspidoceratidae (*Sutneria*).

La asociación promedio para el Prebético está dominada por el grupo de perisphinctoides (38%) que incluye las familias Perisphinctidae y Ataxioceratidae. Corresponde a formas evolutas, ornamentadas con costillas y ombligos amplios, interpretadas como formas necto-bentónicas de aguas someras en medios epicontinentales y umbrales epioceánicos (Westermann, 1990; Olóriz *et al.*, 1996). El segundo grupo en abundancia son los Haploceratoidea (29%), formas lisas o ligeramente ornamentadas, involutas y comprimidas, de hábitat necto-bentónico (Westermann, 1996). El grupo Phylloceratina (20%) y Lytoceratina (1%) corresponde a formas caracterizadas por la escasez o ausencia de ornamentación, secciones redondeadas o comprimidas y ombligos variables (evolutos en Lytoceratina e involutos en Phylloceratina). Estas formas han sido tradicionalmente interpretadas como habitantes de las áreas oceánicas más profundas con capacidad de movimiento vertical (Ziegler, 1967; Westermann, 1990, 1996; Cecca, 1992), si bien numerosos autores relacionan su distribución no tanto con la profundidad como con la distancia a la costa (Kennedy y Cobban, 1976; Olóriz, 1985, 1990; Olóriz *et al.*, 1996). El género *Sowerbyceras* (15%), sin embargo, corresponde a un organismo euritópico que proliferó en medios de plataforma conectados con aguas abiertas (Olóriz *et al.*, 1992b, 1995). Por último, aparecen otros Ammonitina, fundamentalmente aspidocerátidos (Aspidoceratinae, Euaspidoceratinae y Peltoceratinae). Son formas marcadamente evolutas, de sección circular a subcuadrada y ornamentados con costillas y/o tubérculos, interpretados como necto-bentónicos (Westermann, 1996; Olóriz *et al.*, 2002b).

Paleogeográficamente se ha observado una disminución del grupo de perisphinctoides hacia áreas más distales (42% Prebético Externo *vs.* 33% Prebético Interno) y un incremento del grupo Phylloceratina+Lytoceratina (3% en Prebético Externo *vs.* 8% en el Prebético Interno). Estos datos son congruentes con el aumento de la distalidad hacia el Prebético Interno y la paleoecología propuesta para estos grupos. No obstante, se registran variaciones estratigráficas significativas en las proporciones relativas, así como la proliferación de algunos grupos en determinados intervalos estratigráficos (p.ej. aspidocerátidos en la Zona Bimammatum y Haploceratoidea en las Zonas Bimammatum y Planula) que pueden relacionarse con fluctuaciones en las masas de agua.

Figura 3.6. Macroinvertebrados de las facies grumosas del Oxfordiense medio-Kimmeridgiense basal. A. Perisphinctido (*Perisphinctes* o *Sequeirosia*) B. *Taramelliceras* (*Metahaploceras*), C. *Epipeltoceras*, D. *Ochetoceras*, E. *Taramelliceras* (*Metahaploceras*), F y G. *Hibolithes*, H. *Nucleata nucleata*, I. *Fortunella fastigata*, J., *Lacunosella trilobataeformis*, K. *Monticlarella triloboides*, L. *Arcomytilus*, M. *Goniomya*, N. *Pholadomya* (*Procardia*), O. Radiola de *Plegiocidaris,* P. Placas interambulacrales de *Plegiocidaris*, Q. *Diplopodia,* R. *Holectypus*, S. *Collyrites*.

Macroinvertebrados bentónicos

Este apartado se centrará en las asociaciones del Oxfordiense y Kimmeridgiense basal (Zona Planula), ya que el registro de macroinvertebrados en la alternancia margoso-calcárea del Kimmeridgiense inferior y medio, es verdaderamente pobre. Entre los macroinvertebrados bentónicos del Oxfordiense predominan los braquiópodos (48%). El segundo grupo en importancia son los bivalvos (20%). Los equinoideos alcanzan el 24% siendo mayoritariamente erizos irregulares (20%) y escasos erizos regulares (4%). Otros bentónicos (p.ej. gasterópodos) son escasos. Las esponjas se han registrado mayoritariamente en la Zona Bimammatum. No obstante, en la alternancia margoso-calcárea del Kimmeridgiense, los braquiópodos y demás formas sésiles son minoritarios, predominando los bivalvos.

Se han reconocido braquiópodos pertenecientes a los órdenes Terebratulida y Rhynchonellida (Fig. 3.6). En el orden Terebratulida se han reconocido géneros pertenecientes a la superfamilia Terebratuloidea (*Dictyothyris*, *Nucleata*, *Argovithyris* y *Placothyris*), Zeillerioidea (*Zeilleria* y *Digonella*), Terebratelloidea (*Zittelina* y *Trigonellina*) y Thecideoidea (*Rioultina*). El orden Rhynchonellida (superfamilia Rhynchonelloidea) está representado principalmente por los géneros *Monticlarella* y *Lacunosella*, y minoritariamente por *Capillirhynchia* y *Fortunella*. Se observa un claro predominio de Terebratulida (78%), sobre Rhynchonellida.

Entre los bivalvos se han reconocido 17 superfamilias entre las que destacan Mytiloidea, Pectinoidea y Pholadomyoidea por su abundancia. Predominan los géneros pertenecientes a la superfamilia Mytiloidea (*Arcomytilus* y *Mytiloides*) y en menor proporción Pholadomyoidea (*Procardia* y *Pleuromya*) y Pectinoidea. En la alternancia margoso-calcárea predominan los pectínidos y las formas infaunales, no habiendo representantes mytiloideos.

Se reconocen equinoideos (Fig. 3.6) pertenecientes a 6 órdenes: Cidaroida (*Plegiocidaris*), Salenoioida (*Heterosalenia*), Hemicidaroida (*Acrocidaris* y *Diplopodia*), Holectypoida (*Holectypus*), Cassiduloida (*Galeropygus* e *Infraclypeus*) y Holasteroida (*Collyrites*, *Pygomalus* y *Disaster*). Los erizos irregulares reconocidos (Holectypoida, Cassiduloida y Holasteroida) son abundantes en el Prebético Interno, donde predomina *Holectypus* (59%) seguido de *Collyrites* (27%). Los erizos regulares identificados corresponden mayoritariamente a *Plegiocidaris*.

Además, los crinoideos son muy abundantes, aunque aparecen habitualmente desarticulados por lo que no se han podido incluir en los conteos. La mayoría de los restos registrados corresponden a osículos desarticulados, pero es normal encontrar tallos de diámetros entre 2 y 12 mm con varios osículos conectados así como placas de anclaje sobre restos de ammonoideos y esponjas. Los restos de ofiuroideos son escasos y únicamente se han identificado en lámina delgada.

Aparecen esponjas silíceas, principalmente en la Zona Bimammatum, con predominio de los morfotipos planos o en plato frente a otros morfotipos, compuestos mayoritariamente por esponjas cónicas con forma de vaso y más raramente por morfotipos tubulares, ramosos, bicónicos o subesféricos. La mayor parte de las esponjas reconocidas pertenecen a la clase Hexactinellida, dentro de las cuales, el 77% pertenecen al orden Dictyida (p.ej. *Stauroderma*, *Craticularia*, *Tremadictyon*, *Thyroidium*, *Cribrospongia*, *Verrucocoelia*) y el 17% al orden Lychniskida (p.ej. *Discophyma*, *Sporadopyle*, *Pachyteichisma*, *Cypellia*). La clase Demospongia está representada por el orden Lithistida que aporta el 6% de las esponjas registradas. Las esponjas silíceas desaparecen a techo de la Zona Planula (Kimmeridgiense basal) y no se han encontrado ejemplares en la alternancia margoso-calcárea.

Los anélidos están representados mayoritariamente por serpúlidos y en menor proporción por *Terebella*, siendo ambos los principales epizoos colonizadores de ammonoideos y espongiarios. El resto de macroinvertebrados bentónicos registrados corresponde a gasterópodos, briozoos y corales ahermatípicos.

Distribución del bentos por litofacies

En la litofacies de caliza grumosa (Fig. 3.7), los bentónicos constituyen el 6% de la asociación global. Los braquiópodos (39%) y los bivalvos (33%) son los componentes más importantes de la asociación de macroinvertebrados bentónicos, seguidos de los erizos irregulares (12%). La abundancia de formas bentónicas por volumen de roca es baja, aunque muy diversificada (α-index 20). En los braquiópodos predomina *Nucleata nucleata*, *Monticlarella striocincta* y *Placothyris carsiensis*, mientras que en los bivalvos son *Arcomytilus* y *Procardia* los más abundantes. Los equinoideos registrados corresponden en su mayoría a formas irregulares (*Collyrites*, *Holectypus* y *Disaster*). Otros restos correspondientes a serpúlidos, briozoos, etc., son escasos.

En la caliza grumoso-oncolítica, el bentos constituye el 27% de la asociación y está compuesto en su mayor parte por braquiópodos (49%), erizos irregulares (21%) y bivalvos (19%; Fig. 3.7). La abundancia de formas bentónicas por volumen de roca es variable, entre media y alta, siendo mayor en las Zonas Transversarium y Bimammatum, y una diversidad media (α-index 10). Los braquiópodos están ampliamente dominados por *Nucleata nucleata* y *Lacunosella* sp., aunque localmente se han registrado altas proporciones de *Lacunosella selliformis*. Los erizos irregulares están constituidos mayoritariamente por *Holectypus* y *Collyrites*. Los bivalvos están claramente dominados por la superfamilia Mytiloidea. Crinoideos, briozoos, serpúlidos y *Terebella*, sólo abundan en relación con la aparición de algunas esponjas en la Zona Bimammatum. Los serpúlidos también aparecen colonizando restos de ammonoideos.

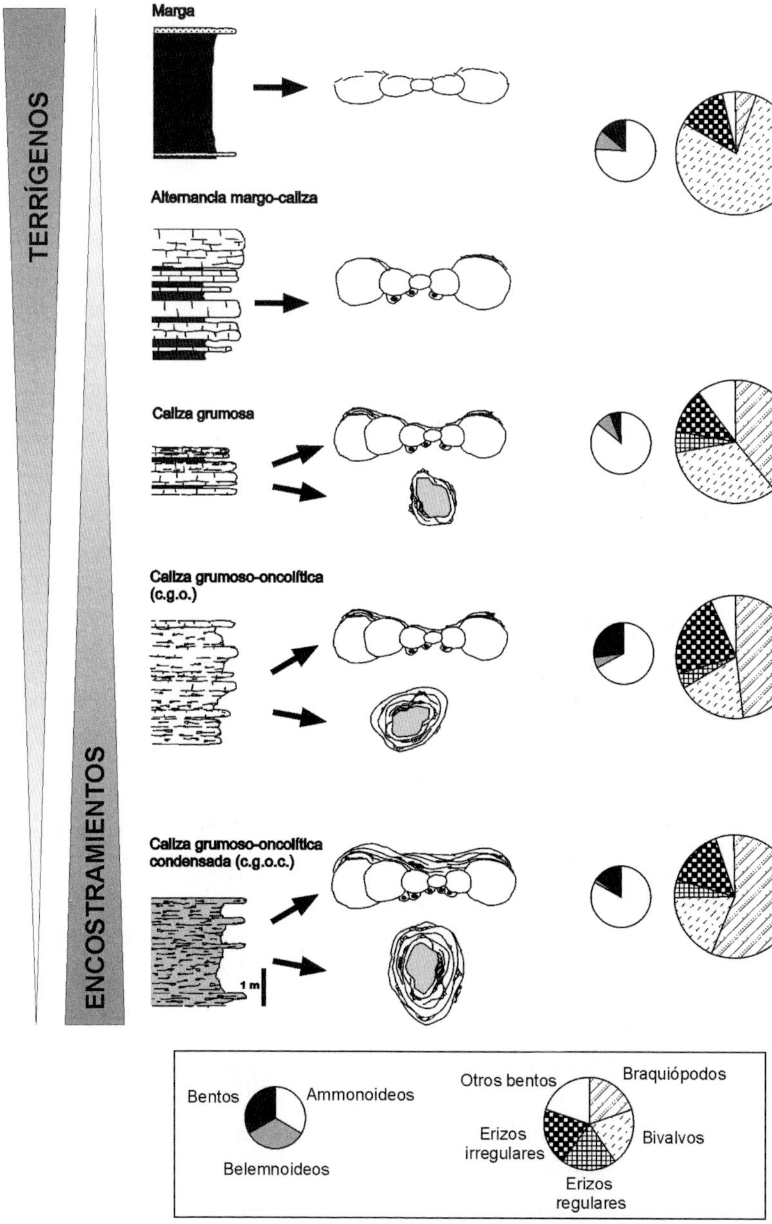

FIGURA 3.7. Grado de encostramiento en las diferentes litofacies, composición de las asociaciones de macroinvertebrados y composición de las asociaciones de bentónicos, y su relación con el contenido en terrígenos.

En las calizas grumoso-oncolíticas condensadas el bentos supone el 15% de la asociación de macroinvertebrados (Fig. 3.7). Predominan los braquiópodos (57%) y en segundo término los bivalvos (20%) y erizos irregulares (15%). Aunque la proporción de macroinvertebrados fósiles por volumen de roca es alta, el registro de formas bentónicas es muy bajo, así como los valores de diversidad (α-index 4). Los braquiópodos están representados casi exclusivamente por *Nucleata nucleata*, los bivalvos por *Arcomytilus* y los erizos irregulares por *Holectypus* y *Collyrites*. La presencia de serpúlidos está limitada a la colonización de ammonoideos.

Por último, en la alternancia margoso-calcárea del Kimmeridgiense inferior y parte basal del Kimmeridgiense medio los macroinvertebrados bentónicos son especialmente escasos con predominio de los bivalvos de modo de vida vágil tanto epifaunales (pectínidos) como infaunales (Pholadomyoida). Los braquiópodos, erizos irregulares y algunos corales son realmente escasos. En general, las formas epifaunales sésiles son muy escasas.

Reolid (2003) y Olóriz *et al.* (2006) denominaron a la asociación de macroinvertebrados bentónicos del Prebético Interno, asociación *Nucleata-Lacunosella*, de acuerdo con los dos taxones dominantes en el núcleo trófico, el cual se ha considerado formado por los elementos numéricamente más importantes que constituyen el 80% de la asociación (Walker, 1972; Aberhan, 1994). El núcleo trófico está constituido por 13 géneros, entre los que destacan los braquiópodos *Nucleata* (25%) y *Lacunosella* (13%), los erizos irregulares *Holectypus* (11%) y *Collyrites* (6%), y el bivalvo *Arcomytilus* (10%). Dominan los suspensívoros (73%) sobre los sedimentívoros (20%) y generalistas (7%). En cuanto al modo de vida, dominan las formas epifáunicas (64%) seguidas de las formas semiinfáunicas (21%).

La asociación registrada en la alternancia margoso-calcárea presenta bastantes similitudes con la denominada Procardia-Entolium por Reolid (2003) y Olóriz *et al.* (2006) para la ritmita margoso-calcárea oxfordiense que se registra en la Sierra de Cazorla. Sin embargo, el contenido fósil de formas bentónicas en el Kimmeridgiense es mucho menor, lo que ha dificultado establecer un estudio de detalle.

Tafofacies

El análisis tafonómico ha tenido en cuenta parámetros como el tamaño de los restos fósiles, su posición en el estrato, la presencia de epibiontes, la presencia de concha y los índices de fragmentación y corrasion propuestos por Olóriz *et al.* (2002a). La relación entre las litofacies diferenciadas y los rasgos tafonómicos que presentan las asociaciones de macroinvertebrados fósiles registradas, ha permitido establecer tres tafofacies.

La tafofacies I (Fig. 3.8) coincide con la litofacies de caliza grumoso-oncolítica condensada. Se caracteriza por tener un tamaño medio relativamente grande (38,6 mm, con 49% de los ejemplares < 30 mm), registrados preferentemente en posición quasi-horizontal (promedio 70%), con unos valores de *corrasion* altos (índice de *corrasion* promedio de 51%), una incidencia de la fragmentación variable (índice de fragmentación 42%) y un alto porcentaje de restos con colonizaciones por epibiontes (promedio 30%). La presencia de concha es generalizada para braquiópodos y equinoideos, y variable en el caso de ammonoideos. Es frecuente el desarrollo de encostramientos microbianos y de nubeculáridos, fundamentalmente en el flanco superior de los ammonoideos (Fig. 3.9). Se han registrado 15 ejemplares con desacoplamiento del fragmocono. La proporción alta de ejemplares registrados por volumen de roca es característica de esta tafofacies.

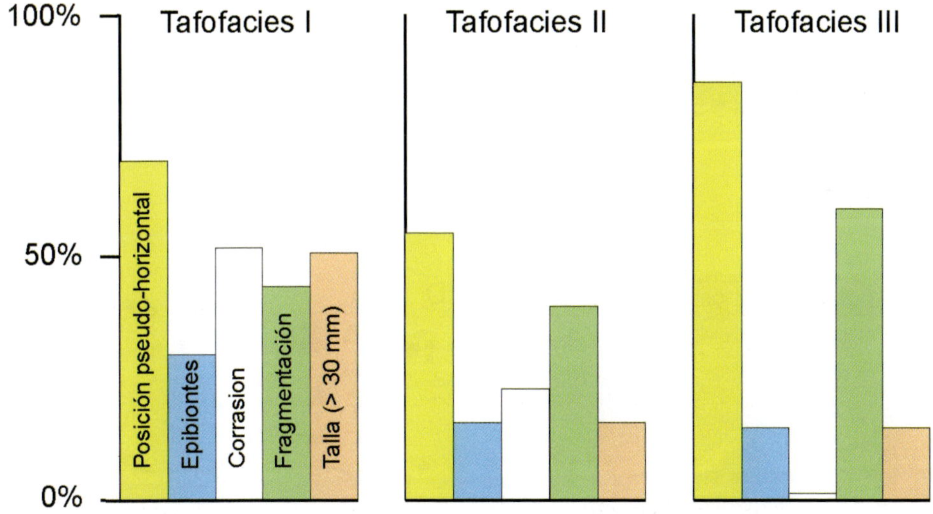

FIGURA 3.8. Principales rasgos tafonómicos cuantificados en las tres tafofacies diferenciadas de acuerdo con Olóriz *et al.* (2002) y Reolid (2003).

La tafofacies II (Fig. 3.8) se presenta en la caliza grumoso-oncolítica y caliza grumosa. El tamaño medio de los ejemplares es menor que en la tafofacies I (media 21,1 mm, con 83% de los ejemplares < 30 mm), preferentemente en posición quasi-horizontal (promedio 54%), con una incidencia baja de la corrasion (índice de *corrasion* 20%) y una fragmentación variable (índice de fragmentación 41%). La colonización de los restos por epibiontes es variable (media 18%), siendo mayor en la Zona Bimammatum donde proliferan las esponjas silíceas (38%). La presencia de concha varía entre los ejemplares registrados, generalizada en braquiópodos y equinoideos, y variable en ammonoideos dependiendo de la litofacies. Los encostramientos de los restos fluctúan dependiendo de la litofacies, siendo más abundantes y mejor desarrollados en la caliza grumoso-oncolítica.

La tafofacies III (Fig. 3.8) se registra en la alternancia margoso-calcárea del Kimmeridgiense inferior y medio. Está caracterizada por un tamaño generalmente pequeño de los restos (media 19,2 mm). La posición dentro del estrato es predominantemente horizontal. La *corrasion* es prácticamente inexistente y la fragmentación es variable. La mayoría de los ammonoideos se preservan como moldes, siendo comunes las deformaciones por carga y las fragmentaciones por colapso. En ocasiones las vueltas más internas de pequeños ammonoideos presentan concreciones de pirita o cemento esparítico.

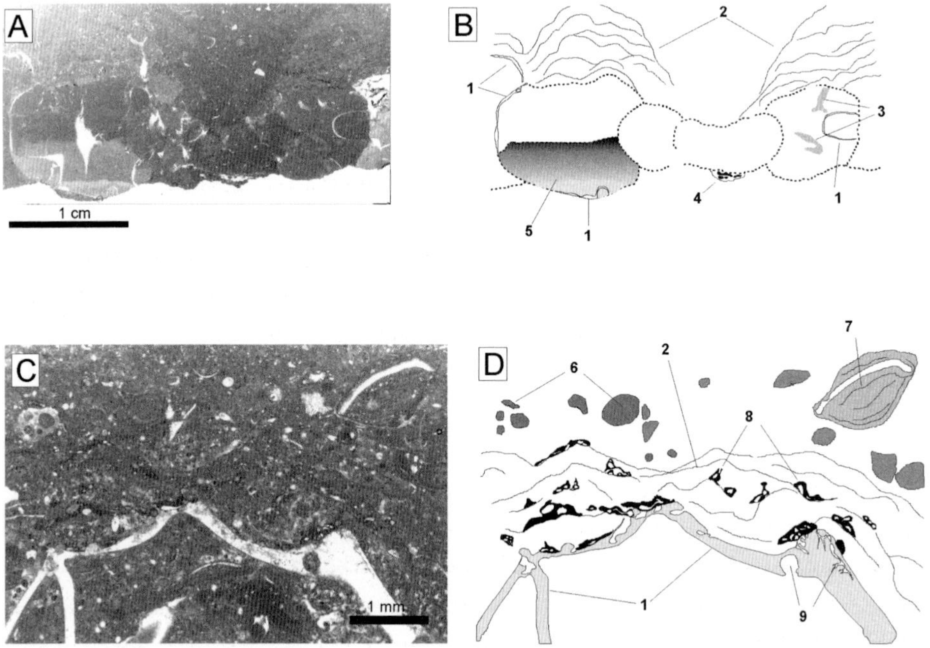

Figura 3.9. Encostramientos y microperforaciones en conchas de ammonoideos desarrollados sobre el flanco orientado hacia techo. 1. Concha neomórfica recristalizada, 2. encostramiento microbiano laminado, 3. bioturbaciones dentro del relleno de las cámaras, 4. serpúlidos, 5. relleno geopetal invertido, 6. *lumps*, 7. bioclasto encostrado por microbialita, 8. foraminíferos encostrantes nubeculáridos, 9. microperforaciones.

ANÁLISIS ECOESTRATIGRÁFICO DE LAS ASOCIACIONES DE MACROINVERTEBRADOS

Este análisis (Fig. 3.10) se ha centrado en las asociaciones registradas en las facies grumosas del Oxfordiense y la Zona Planula (Kimmeridgiense basal).

Intervalo estratigráfico I

Este intervalo estratigráfico corresponde a la parte inferior de la Zona Bifurcatus (Fig. 3.10). En líneas generales, el intervalo estratigráfico I viene marcado en todo el Prebético por un incremento progresivo de los ammonoideos frente a belemnoideos y bentónicos.

Las asociaciones de ammonoideos presentan una alta proporción de Phylloceratina, principalmente *Sowerbyceras*, y Haploceratoidea, que a lo largo del intervalo estratigráfico disminuyen en favor del grupo de perisphinctoides. El incremento en la proporción de ammonoideos en general, y del grupo de perisphinctoides en particular, se acompaña de un aumento de su tamaño.

Respecto a la composición del bentos, este intervalo estratigráfico se caracteriza en áreas distales por el registro de la asociación *Nucleata-Lacunosella*, con el predominio de los braquiópodos en los niveles basales (Fig. 3.10). Destaca la alta proporción de *Nucleata nucleata* y *Lacunosella selliformis*, los cuales disminuyen posteriormente, compensados por un incremento de erizos irregulares y bivalvos.

Intervalo estratigráfico II

Respecto al techo del intervalo anterior, la asociación general experimenta inicialmente un incremento de las formas bentónicas y la consiguiente disminución de los ammonoideos (Fig. 3.10). La evolución posterior registra un incremento en la proporción de ammonoideos. Dentro de los ammonoideos el grupo perisphinctoides disminuye respecto al intervalo anterior, así como a lo largo de este intervalo. Esta disminución está compensada por un aumento de Haploceratoidea, acompañado de *Sowerbyceras*.

La composición de las asociaciones de macroinvertebrados bentónicos en sectores distales sigue correspondiendo a la asociación *Nucleata-Lacunosella*, aunque registra una disminución significativa en las proporciones de braquiópodos, siguiendo la tendencia iniciada a techo del intervalo estratigráfico I (Fig. 3.10). Por el contrario, incrementan Mytiloidea y erizos irregulares, estos últimos compuestos casi exclusivamente por *Holectypus* de pequeño tamaño (< 20 mm).

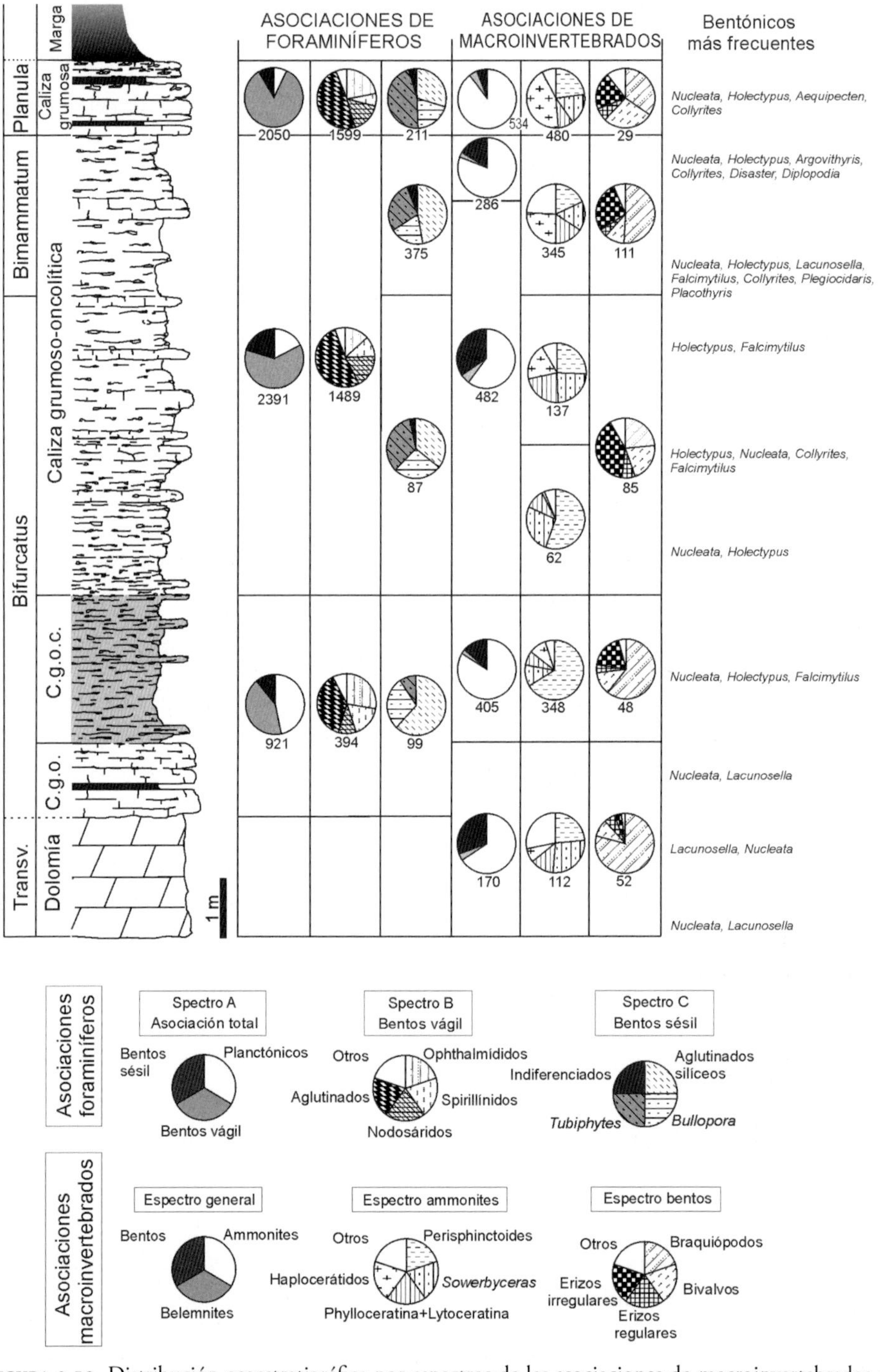

FIGURA 3.10. Distribución ecoestratigráfica por espectros de las asociaciones de macroinvertebrados y de foraminíferos a lo largo del intervalo de facies grumosas en el perfil de Navalperal.

Intervalo estratigráfico III

Este intervalo corresponde a la Zona Bimammatum (Fig. 3.10). Los ammonoideos registran un importante incremento en Haploceratoidea, aunque localmente persiste el grupo de perisphinctoides en altas proporciones. La familia Aspidoceratidae puede llegar a ser bastante frecuente en algunos niveles.

Las asociaciones de macroinvertebrados bentónicos presentan una alta variedad. La asociación *Nucleata-Lacunosella* incorpora componentes propios de áreas más proximales como esponjas, crinoideos y braquiópodos del género *Placothyris*. La proporción de braquiópodos aumenta respecto a la parte superior del intervalo estratigráfico II, con predominio de *Nucleata* y *Lacunosella*. En los erizos irregulares predomina *Holectypus*.

Intervalo estratigráfico IV

La Zona Planula muestra un incremento en la proporción de ammonoideos y belemnoideos, estos últimos muy abundantes en ocasiones (Fig. 3.10). En los ammonoideos se mantiene el aumento en Haploceratoidea y *Sowerbyceras*. Respecto a los bentónicos, la asociación *Nucleata-Lacunosella* suele experimentar una disminución de las proporciones de braquiópodos compensada por un incremento de bivalvos y/o erizos irregulares. Entre los braquiópodos predomina *N. nucleata*, mientras que en los bivalvos lo hacen los Mytiloidea y Pectinoidea, siendo significativa la aparición puntual de bivalvos infáunicos como *Procardia*, *Pleuromya* y *Goniomya*.

La alternancia margoso-calcárea perteneciente al Kimmeridgiense inferior y medio evidencia una clara disminución de las formas bentónicas, siendo las más afectadas las formas sésiles. Sin embargo, lo más característico es la clara disminución de restos fósiles por volumen de roca.

INTERPRETACIÓN

Parámetros paleoecológicos

Tipo de sustrato

Uno de los factores que ejercen mayor control sobre las asociaciones de macroinvertebrados bentónicos es el tipo de sustrato. El grado de consolidación del sustrato y el tamaño de grano están estrechamente relacionados con el modo de vida de los organismos bentónicos. Los sustratos más consolidados, y/o con mayor tamaño de grano, están dominados por formas suspensívoras epifáunicas sésiles, mientras que los sustratos menos consolidados y con menor tamaño de grano favorecen a la infauna (Fürsich, 1984; Fürsich y Werner, 1986; Fürsich *et al.*, 1991; Copper, 1992). El dominio de formas epifáunicas sésiles en el grupo de litofacies grumosas donde se registra la asociación *Nucleata-Lacunosella* es indicativo de un sustrato relativamente estable y consistente. La abundancia y diversidad de los braquiópodos en estas litofacies indica unas condiciones más favorables para este grupo que para los bivalvos y equinoideos. El predominio de terebratúlidos corrobora la existencia de un sustrato firme (Almeras y Elmi, 1985). El género *Lacunosella*, frecuente en las facies grumosas, presenta una concha gruesa y un foramen bien desarrollado que evidencian un pedúnculo funcional en estado adulto que supone una adaptación a la fijación en sustratos firmes, propios de medios de energía moderada (Gradinaru y Barbulescu, 1994). En el grupo de litofacies grumosas (asociación *Nucleata-Lacunosella*), el mayor tamaño de grano fue desfavorable para los bivalvos infáunicos profundos, mientras que fue adecuado para formas semiinfáunicas como *Holectypus* (Smith, 1984) que domina sobre otros erizos irregulares.

Respecto a la alternancia margoso-calcárea del Kimmeridgiense inferior-medio, la escasez de formas sésiles permite interpretar que el sustrato fue comparativamente menos consistente y más desfavorable para la fijación de formas sésiles. La textura *mudstone* predominante confirma esta interpretación. En cambio, un sustrato poco consolidado es consistente con la abundancia de bivalvos infaunales y la abundancia de fragmentaciones por colapso y las deformaciones por carga en ammonites.

Energía del medio

Las litofacies de caliza grumoso-oncolítica y caliza grumoso-oncolítica condensada muestran el contenido más alto de oncoides de nubeculáridos, cuya génesis implica cierta agitación del fondo marino, posiblemente relacionada con la acción de olas internas (Pomar *et al.*, 2012). La presencia de esponjas hexactinéllidas es indicativa de valores bajos de energía, ya que las Hexactinellida son muy sensibles a la energía del medio y prefieren ambientes con muy baja o nula energía (Bruton y Dixon, 1998). No obstante, el predominio de suspensívoros en todas las asociaciones estudiadas reflejaría un grado de energía suficiente para mantener la materia orgánica en suspensión. El predominio de braquiópodos de concha gruesa y la presencia en algunos géneros de foramen amplio que indica un pedúnculo fuerte (Fürsich y Hurst, 1974), así como de bivalvos semiinfáunicos bisados (Delvene, 2000), refleja la existencia de diferentes adaptaciones para la sujeción fuerte al sustrato. Esto es congruente con el desarrollo de oncoides y la abundancia de intraclastos en el grupo de litofacies grumosas. La abundancia de suspensívoros, principalmente esponjas es congruente con la acción de olas internas relaccionadas con la propagación de ondas en la interfase de fluidos de diferentes densidades (picnoclina), donde además se concentran las mayores cantidades de plancton. De acuerdo con Pomar *et al.* (2012) gradientes netos en nutrientes, así como la zona de mayor concentración clorofílica corresponden típicamente a la base de la picnoclina estacional, la cual se encuentra en la parte más baja de la zona fótica. Los metazoos suspensívoros proliferan cerca de la picnoclina. La energía del medio fue menor en el caso de la alternancia margoso-calcárea donde, además de no existir prácticamente estructuras tractivas, tampoco hay evidencias en las microfacies o en los rasgos tafonómicos que indiquen la acción de corrientes. No obstante, procesos de removilización y erosión del fondo quedan evidenciados por la presencia de *slumps* en determinados intervalos.

Tasa de sedimentación

La tasa de sedimentación, fundamentalmente en lo que respecta a los aportes terrígenos, fue baja. Las litofacies de caliza grumoso-oncolítica y caliza grumoso-oncolítica condensada muestran el contenido más alto de oncoides de nubeculáridos, cuya génesis implica una ralentización de la sedimentación. La proporción de oncoides está en relación directa con la apariencia nodular y la condensación, e inversa con la presencia de material detrítico. La presencia de foraminíferos sésiles de la Familia Nubeculariidae es, según Gaillard (1983), señal de ralentización de la sedimentación.

En líneas generales, una baja tasa de sedimentación favorece a la epifauna, mientras que una alta tasa beneficia a las formas infáunicas y semiinfáunicas (Fürsich, 1984; Kidwell, 1985, 1986). La aparición de restos de esponjas durante el Oxfordiense en el Prebético es indicativa de una baja tasa de sedimentación que permitió la colonización y el crecimiento de grandes esponjas con morfología planar, la presencia de densas colonizaciones de serpúlidos y briozoos entre otros, y el desarrollo de microbialitas. La asociación *Nucleata-Lacunosella*, correspondiente a las áreas más distales de la plataforma con desarrollo del grupo de litofacies grumosas, representa la adaptación a los valores más bajos de tasa de sedimentación, congruentemente con el predominio de formas epifáunicas sésiles (braquiópodos, bivalvos y serpúlidos).

Los rasgos tafonómicos que caracterizan la tafofacies I son indicativos de una baja tasa de sedimentación, como se deduce de la incidencia especialmente alta de los procesos de *corrasion*, colonización por epibiontes y encostramientos microbianos, o la existencia de ejemplares con facetas y los reelaborados.

La glauconita se ha interpretado tradicionalmente como un indicador de baja tasa de sedimentación (Odin y Letolle, 1980; Amorosi, 1997; Giresse y Wiewióra, 2001). En la parte inferior de la Zona Planula, la glauconita aparece asociada a la litofacies de caliza grumosa, tanto con hábito laminar como granular. En el caso de la glauconita de hábito laminar, de origen autóctono o parautóctono, ésta podría indicar la ralentización o cese de la sedimentación. La caliza grumosa evidencia además una sedimentación discontinua que favorece el desarrollo de las superficies de omisión, dando lugar a la ferruginización y bioturbación de las superficies de techo de algunos niveles y el aumento del contenido en glauconita. En algunas ocasiones la baja tasa de sedimentación permitió cierto grado de consolidación del fondo, que localmente fue colonizado por serpúlidos y *Terebella*. Los granos de cuarzo y mica de esta litofacies constituirían el registro distal de los aportes terrígenos procedentes de áreas más proximales, previo al depósito del tramo margoso del Kimmeridgiense inferior.

La alternancia margoso-calcárea evidencia una mayor tasa de sedimentación como se deduce del mayor espesor que representa cada zona de ammonites en comparación con el Oxfordiense. La mayor abundancia de siliciclásticos (cuarzo, feldespato y arcillas) indica que en buena medida la mayor tasa de sedimentación se debe también a un incremento de material detrítico. La ausencia de formas sésiles tanto en los macroinvertebrados como en los foraminíferos, es totalmente compatible con esa mayor tasa de sedimentación. La tafofacies III, con nula incidencia de procesos de *corrasion* y colonizaciones de epibiontes, corrobora un tiempo de exposición de los restos previo al enterramiento muy reducido en comparación con las litofacies grumosas.

Batimetría

Son numerosas las interpretaciones sobre la profundidad en la que vivieron los diferentes grupos de ammonoideos, basadas en datos sobre las características de la concha. Westermann (1996) propone los valores más altos de profundidad de hábitat límite para Phylloceratina y Lytoceratina (*Phylloceras*, 65-480 m; *Calliphylloceras*, 195-335 m; *Holcophylloceras*, 150 m; *Lytoceras*, 60-400 m), interpretados como ammonites necto-planctónicos con amplios desplazamientos verticales en la columna de agua, mientras que para los ammonoideos con hábitat nectónico o necto-bentónico, la profundidad de hábitat límite fue menor (Perisphinctidae, 50-120 m; Haploceratidae, 90 m; Aspidoceratidae, 25 m). Otras estimaciones batimétricas se han basado en las proporciones relativas de ammonoideos frente a bentónicos, y de los distintos grupos de ammonoideos (p.ej. Ziegler, 1967; Gygi, 1986).

En el Prebético Interno, la asociación de macroinvertebrados promedio muestra valores altos de ammonoideos (78%), donde el grupo de perisphinctoides posee valores similares a los haploceratáceos (aproximadamente 30%). Las formas bentónicas (16%) están ampliamente dominadas por los braquiópodos (Fig. 3.11). Estas proporciones corresponden a profundidades entre 80 y 120 m de acuerdo con las estimaciones de Gygi (1986) y bastante mayores en el modelo de Ziegler (1967). Teniendo en cuenta un cierto transporte *post-mortem* de las conchas de ammonoideos de acuerdo con un gradiente distal-proximal, se puede admitir que los ammonoideos registrados inducen a una ligera sobrevaloración de la profundidad, tal y como ocurre en otros materiales de la Zona Prebética durante el Kimmeridgiense (Olóriz *et al.*, 1992a). Si admitimos que las asociaciones de bentónicos que se registraron son, comparativamente, autóctonos frente a las asociaciones parautóctonas de ammonoideos, un promedio de 30% de bentónicos, como el registrado en el Prebético Externo (Reolid, 2003), correspondería a una profundidad cercana a 60 m de acuerdo con Gygi (1986). Estos valores son congruentes con los deducidos a partir de la composición taxonómica de las esponjas. Para el Prebético Interno la profundidad sería algo mayor (Fig. 3.11), en torno a 80 m, de acuerdo con las proporciones de ammonoideos y bentónicos antes mencionadas y la posible contaminación desde áreas más distales.

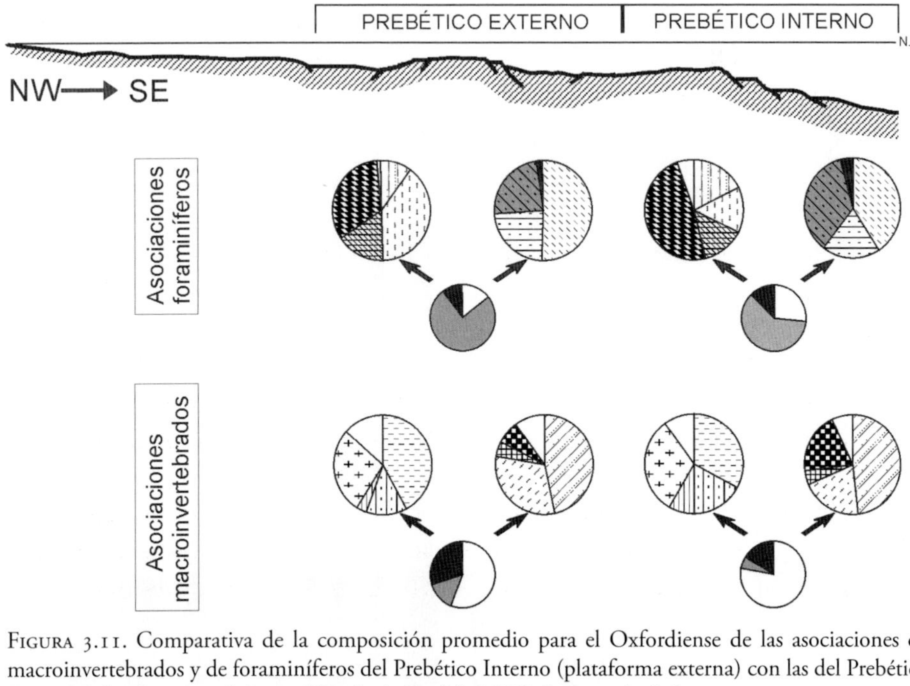

FIGURA 3.11. Comparativa de la composición promedio para el Oxfordiense de las asociaciones de macroinvertebrados y de foraminíferos del Prebético Interno (plataforma externa) con las del Prebético Externo (plataforma media), modificado de Reolid (2003). La leyenda de los espectros se encuentra en la figura 3.10.

Variaciones ecoestratigráficas y estratigrafía secuencial

Como ejemplo del potencial del análisis ecoestratigráfico en la interpretación del medio sedimentario y de la estratigrafía secuencial, se presenta a continuación un análisis del grupo de litofacies grumosas, intervalo estratigráfico que comprende las Zonas Bifurcatus (Oxfordiense superior) a Planula (Kimmeridgiense basal). La distribución de los rasgos estudiados (litofacies, microfacies, tafofacies y asociaciones fósiles; foraminíferos y macroinvertebrados), en estas litofacies permite diferenciar cuatro intervalos estratigráficos, que pueden ser interpretados en términos de estratigrafía secuencial (Fig. 3.12). Estos intervalos estratigráficos diferenciados representan cuerpos sedimentarios limitados por las superficies de discontinuidad DIII a DVIII o sus conformidades correlativas (Marques *et al.*, 1991). El análisis de estos intervalos estratigráficos se realiza siguiendo la propuesta de Marques *et al.* (1991) para el Margen Sudibérico, por lo que se enmarcarían en las secuencias deposicionales OX.II (TST + HST) y OX.III (SMW + TST).

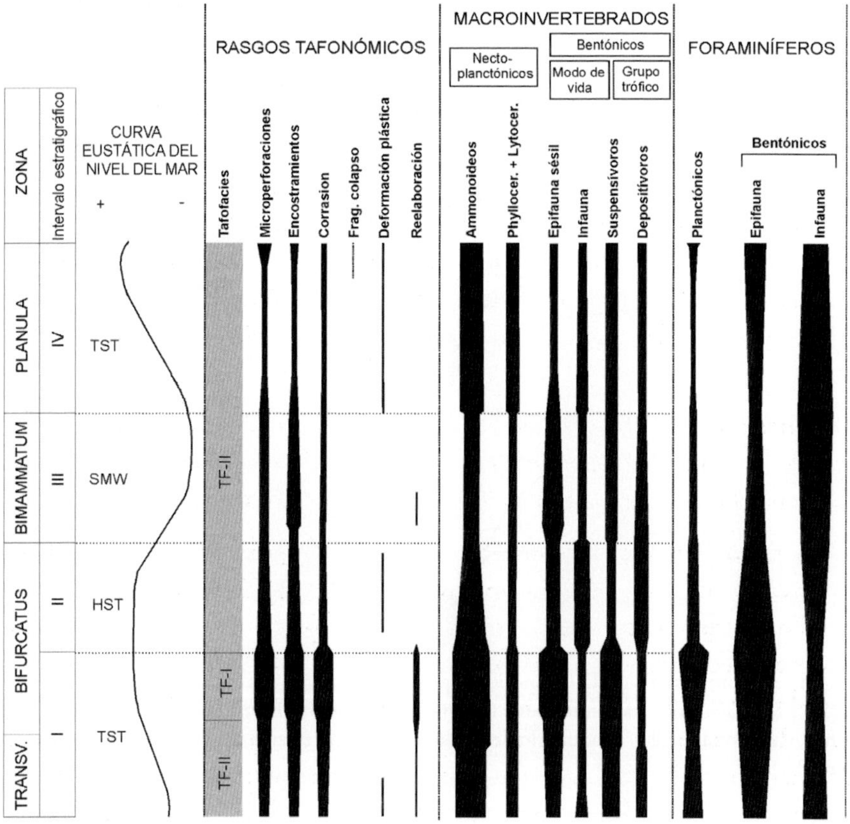

Figura 3.12. Distribución estratigráfica de los principales rasgos tafonómicos, composición de las asociaciones de macroinvertebrados y de foraminíferos a lo largo del intervalo con facies grumosas (Oxfordiense medio-Kimmeridgiense basal) y su comparación con la curva eustática propuesta por Haq *et al.* (1987).

Secuencia deposicional OX.II

Intervalo estratigráfico I: cortejo transgresivo (TST, Fig. 3.12)

El primer intervalo estratigráfico, correspondiente a la parte inferior de Bifurcatus, se caracteriza por la mayor condensación de las litofacies. Es evidente el incremento del grado de condensación y el aspecto anodulado hacia techo de este intervalo, reflejado en el reemplazamiento de caliza grumoso-oncolítica por caliza grumoso-oncolítica condensada.

En las microfacies destaca la ausencia de granos no carbonatados de origen detrítico (p.ej. cuarzo) y la presencia generalizada de *lumps* y oncoides. La presencia de microbialita es generalizada. La microfauna se caracteriza por presentar valores importantes de foraminíferos encostrantes, *Globuligerina* y radiolarios, y por la presencia de *Epistomina* en áreas más distales. Dentro de los foraminíferos bentónicos vágiles, las formas infáunicas disminuyen.

En las asociaciones de macroinvertebrados fósiles se observa a lo largo del intervalo un incremento de los ammonoideos frente al bentos. En las asociaciones de ammonoideos se observa en líneas generales una alta proporción de Phylloceratina (principalmente *Sowerbyceras*) y Haploceratoidea, que a lo largo del intervalo estratigráfico disminuyen en favor del grupo de perisphinctoides. Respecto al bentos, se registran altas proporciones de braquiópodos en la base de este intervalo, y aumentos puntuales de erizos irregulares. Sin embargo, hacia techo y de acuerdo con el aumento en el grado de condensación, disminuyen las formas infáunicas y semiinfáunicas. Esta situación evidencia mejores condiciones para el desarrollo de formas nectónicas y epibentónicas sésiles, estas últimas en relación con una mayor consolidación del sustrato.

El incremento de la *corrasion* y colonización por epibiontes y encostramientos propia de la tafofacies I, supone un mayor tiempo de exposición de los restos en el fondo, y por lo tanto una disminución en la tasa de sedimentación.

Los rasgos que caracterizan el primer intervalo estratigráfico, son coherentes con una caída en la tasa de sedimentación y un aumento de la distalidad relativa. Su desarrollo podría interpretarse en relación con el cortejo transgresivo (TST) perteneciente a la secuencia OX.II (Marques *et al.*, 1991; Olóriz *et al.*, 2012), correspondiente al ciclo 4.3 de 3er orden (Haq *et al.*, 1988), registrado en la parte superior de la Zona Transversarium y parte inferior de la Zona Bifurcatus (Subzona Bifurcatoides/Stenocycloides). El límite superior de este cortejo sedimentario lo constituye un tramo en el que se localiza la conformidad correlativa de la superficie dV. La tasa de sedimentación es comparativamente baja respecto a la acomodación y los ambientes retrogradan, dando lugar a niveles condensados en áreas distales como el Prebético Interno. El menor espesor de sedimentos en la parte inferior de la Zona Bifurcatus en el Prebético Interno frente al Prebético Externo, donde predomina la ritmita margoso-calcárea y la caliza espongiolítica (Reolid, 2003) es coherente con la progresión hacia la costa del máximo del pulso transgresivo. El incremento de las proporciones de ammonoideos a lo largo de este intervalo estratigráfico es congruente con el aumento del ecoespacio, mientras que la menor proporción de foraminíferos bentónicos infáunicos lo es con una caída en el flujo de nutrientes en relación con el incremento de la distalidad.

Intervalo estratigráfico II: cortejo de alto nivel (HST, Fig. 3.12)

El segundo intervalo estratigráfico corresponde a la parte superior de la Zona Bifurcatus (Subzona Grossouvrei). Respecto a las litofacies, se caracteriza por una disminución de la condensación y del aspecto nodular, con el relevo de caliza grumoso-oncolítica condensada por caliza grumoso-oncolítica.

En cuanto a las microfacies, disminuyen progresivamente los granos esqueléticos hacia techo de este intervalo y existe menor desarrollo de carbonatos microbianos. Localmente en sectores proximales aparecen hacia techo (parte alta de la Zona Bifurcatus) trazas de granos no carbonatados de origen detrítico.

La microfauna presenta cambios importantes, como la disminución de las proporciones de radiolarios, *Globuligerina* y nubeculáridos. Asimismo, también disminuye *Epistomina*. Las formas infáunicas experimentan un incremento. En las asociaciones de macroinvertebrados fósiles destaca la caída significativa de las proporciones de ammonoideos frente a organismos bentónicos. Entre los ammonoideos, el grupo perisphinctoides disminuye respecto al intervalo anterior, así como a lo largo del intervalo, mientras que aumenta la proporción de *Sowerbyceras* y Haploceratoidea. En el bentos la asociación *Nucleata-Lacunosella* registra un incremento en Mytiloidea y erizos irregulares (*Holectypus*). El pequeño tamaño de los ejemplares de *Holectypus* (15 mm) permite interpretar su carácter oportunista (Smith, 1984; Reolid, 2003).

La conservación de los restos, con menos *corrasion*, epibiontes y encostramientos, se relaciona con un menor tiempo de exposición de los mismos sobre el fondo, reflejado en la reimplantación de la tafofacies II en estas áreas más distales. La presencia en este sector de ejemplares de ammonoideos deformados y la disminución de formas en posición *quasi*-horizontal en los niveles menos anodulados permite caracterizar un menor grado de consolidación del fondo, congruente con un ligero incremento de formas infáunicas, principalmente erizos irregulares oportunistas como *Holectypus*.

De lo anterior se puede interpretar un incremento en la proximalidad relativa de los depocentros que determina un aumento en la tasa de sedimentación a lo largo del intervalo estratigráfico. Todo ello está de acuerdo con el desarrollo de un cortejo de alto nivel (HST) para la parte superior del Cron Bifurcatus en el Prebético (Marques *et al.*, 1991; Olóriz *et al.*, 2002a, b), con el que culmina la secuencia OX.II y el ciclo de tercer orden 4.3 (Haq *et al.*, 1988), limitado por la discontinuidad DVI de tipo II (Marques *et al.*, 1991). La acumulación de sedimento sería mayor que la acomodación en áreas proximales, lo que provocaría la progradación de los ambientes sedimentarios y el aumento de la tasa de sedimentación en las áreas más distales (Prebético Interno). En relación con el aumento de la proximalidad y la somerización se produciría la disminución del ecoespacio disponible y por tanto el aumento del estrés ecológico (*platform effect* en Olóriz, 1985), congruente con la disminución de ammonoideos, foraminíferos planctónicos y radiolarios en este intervalo estratigráfico. La disminución de la nodularidad, contenido en carbonatos microbianos y porcentaje de ammonoideos, así como el paso de tafofacies I a II, es coherente con el incremento de la proximalidad. El aumento en la tasa de sedimentación daría lugar a episodios con colonizaciones del fondo por erizos irregulares semiinfáunicos de carácter oportunista, como *Holectypus*, y a la disminución de las proporciones de macroinvertebrados sésiles suspensívoros. El incremento de foraminíferos infáunicos puede relacionarse con un mayor aporte de partículas nutritivas. Todo esto resulta coherente con la bajada relativa del nivel del mar que tiene lugar tras el HST.

Secuencia deposicional OX.III

Intervalo estratigráfico III: cortejo de borde de plataforma (SMW, Fig. 3.12)

El intervalo estratigráfico III, correspondiente a la Zona Bimammatum, se caracteriza por el incremento de material terrígeno. El contenido en microfauna es mayor que en el intervalo estratigráfico II, con un incremento de foraminíferos sésiles (nubeculáridos y aglutinados silíceos), y vágiles aglutinados (*Ammobaculites* y *Reophax*). Aumentan los foraminíferos infáunicos. La fragmentación en *Lenticulina* aumenta significativamente en todos los afloramientos.

En los ammonoideos se observa un incremento de Haploceratoidea, y en menor proporción de la Familia Aspidoceratidae. En las asociaciones de bentónicos aumenta la diversidad en relación con la fauna acompañante a las esponjas silíceas que colonizan el fondo, dando lugar a una asociación del tipo *Nucleata-Lacunosella,* pero con incorporación de numerosos taxones propios de áreas más proximales del Prebético Externo (asociación *Monticlarella-Placothyris sensu* Reolid, 2003; Olóriz *et al.*,

2006). En el propio perfil de Navalperal, se produce durante este intervalo temporal el desarrollo de pequeñas bioconstrucciones de esponjas y microbialita.

En la tafofacies II se incrementa ligeramente la colonización por epibiontes y encostramientos, debido a la proliferación de serpúlidos y *Terebella* en relación con la colonización local del fondo por esponjas.

La aparición de esponjas en el perfil de Navalperal evidencia cierta progradación de las facies espongiolíticas, típicas del Prebético Externo, hacia el Prebético Interno, y por tanto una disminución relativa de la distalidad. El incremento de terrígenos acompañados de nutrientes explica el aumento de foraminíferos infáunicos. Todos estos datos son congruentes con el aumento de la proximalidad y la bajada relativa del nivel del mar, que tiene lugar durante el desarrollo del cortejo de borde de plataforma (SMW) con el que se inicia la secuencia OX.III (Marques *et al.*, 1991; Olóriz *et al.*, 2002a) correspondiente al ciclo 4.4 (Haq *et al.*, 1988). Este SMW estaría limitado a techo por la superficie transgresiva dVII.

Intervalo estratigráfico IV: cortejo transgresivo (TST)-pulso tectónico (Fig. 3.12)

El intervalo estratigráfico superior corresponde a la Zona Planula (Kimmeridgiense inferior). Se produce un pequeño incremento en terrígenos que conlleva el relevo de caliza grumoso-oncolítica por caliza grumosa.

A techo de este intervalo, y con un registro variable se reconoce la discontinuidad DVIII. Esta superficie ha sido identificada en el Prebético en numerosos trabajos (Foucault, 1971; García-Hernández *et al.*, 1981; López-Garrido y García-Hernández, 1988; Rodríguez-Tovar, 1993; Olóriz *et al.*, 1999; entre otros) constituyendo el límite superior de la sucesión Oxfordiense. De acuerdo con Haq *et al.* (1987, 1988), el límite entre las Zonas Planula y Platynota registra un máximo transgresivo, por lo que DVIII correspondería a una superficie de máxima inundación que representa el paso TST-HST. Esta discontinuidad suele reconocerse en el Prebético como una superficie de omisión o un *hardground*, de aspecto anodulado, a veces con abundantes bioturbaciones y óxidos de hierro, así como con una importante concentración de restos, mayoritariamente ammonoideos y belemnoideos, y un incremento de los foraminíferos planctónicos a techo de los perfiles localizados en las áreas más distales.

Respecto a las microfacies, este intervalo estratigráfico muestra el contenido terrígeno más alto, con granos de cuarzo, glauconita de hábito granular, óxidos de hierro, restos carbonosos y mica. La proporción de *lumps* y oncoides disminuye conforme aumenta el contenido en granos no carbonatados. Se registra glauconita con hábito laminar y en el interior de oncoides, que indica un origen autóctono autigénico.

Globuligerina y en menor medida *Epistomina* aumentan puntualmente en relación con la superficie de omisión que precede a las margas kimmeridgienses. Incrementa la proporción de ammonoideos y belemnoideos. La asociación *Nucleata-Lacunosella* suele registrar una disminución de las proporciones de braquiópodos, compensada por un ligero incremento de bivalvos y erizos irregulares, siendo significativa la aparición puntual de bivalvos infáunicos. Destaca también la desaparición de las esponjas.

Si analizamos las propuestas de evolución secuencial, este intervalo estratigráfico correspondería al desarrollo de un cortejo transgresivo (TST), perteneciente a la secuencia OX.III del ciclo de 3er orden 4.4 (Haq *et al.*, 1987, 1988), cuya sección condensada se situaría en torno al límite entre las Zonas Planula y Platynota (Marques *et al.*, 1991). Sin embargo, las características comentadas no parecen relacionarse de manera directa con el desarrollo teórico de este cortejo sedimentario (p.ej. los aportes siliciclásticos deberían decrecer durante el TST). En este sentido, Marques *et al.* (1991), Reolid (2003) y Olóriz *et al.* (2012) ponen de manifiesto la interacción entre tectónica y eustasia registrada en el Margen Sudibérico desde el Oxfordiense tardío hasta el Kimmeridgiense basal, y el incremento de material siliciclástico como consecuencia del rejuvenecimiento de las áreas de aporte. Este pulso tectónico, referido como *final Oxfordian crisis* por Marques *et al.* (1991) y Olóriz y Rodríguez-Tovar (1998), ha sido ampliamente reconocido en depósitos epicontinentales de la Subplaca Ibérica correspondientes a las Cordilleras Ibérica y Costero Catalana (Salas, 1989; Aurell, 1991).

En sectores comparativamente proximales (Prebético Externo), la influencia de la actividad tectónica es muy evidente (Reolid, 2003; Olóriz *et al.*, 2010) y se expresa en un aumento del aporte terrígeno y de la tasa de sedimentación. Sin embargo, en el Prebético Interno, sector comparativamente más distal, no resultaría tan manifiesto el aporte de terrígenos, de manera que prevalecería el efecto eustático de subida del nivel del mar ocurrido durante el desarrollo del TST, dando lugar a las calizas grumosas con desarrollo de superficies de omisión o *hardgrounds* incipientes. La tasa de sedimentación sería en ocasiones muy baja, lo que explicaría la mayor acumulación de restos fósiles, principalmente de ammonoideos, la presencia de glauconita autigénica de hábito laminar y el desarrollo de superficies de omisión. La disminución de macroinvertebrados bentónicos en el Prebético Interno es congruente con el aumento del ecoespacio y la consecuente disminución del efecto de plataforma sobre macroinvertebrados necto-planctónicos (ammonoideos y belemnoideos). El fuerte incremento de *Globuligerina* y *Epistomina* en relación con las superficies de omisión que preceden al tramo margoso podría responder al aumento de la distalidad y/o profundidad. De acuerdo con Amorosi (1995), la glauconita autóctona está asociada a depósitos de mar abierto, principalmente durante los TST, siendo más abundante y madura hacia la superficie de máxima inundación. Sin embargo, existen evidencias de la influencia de los aportes procedentes de áreas más proximales, como es el caso del incremento de ejemplares gruesos de *Lenticulina* fragmentada, la aparición de foraminíferos de aguas someras como *Trocholina*, pequeños granos de cuarzo y mica.

Posteriormente prevalece el efecto de la tectónica, cuyo principal resultado es la generalización de la marga en todo el Prebético, a las que sucede la ritmita margoso-calcárea del Kimmeridgiense inferior y medio (Rodríguez-Tovar, 1993).

Capítulo 4

EL CRETÁCICO INFERIOR

Durante la mayor parte del Cretácico Inferior, hasta el final del Aptiense, la Zona Prebética conoce la etapa de compartimentación sedimentaria más importante del Mesozoico, relacionada con el proceso de *rifting* del Atlántico Norte. En efecto, la sedimentación está fuertemente condicionada por fallas, en su mayoría lístricas, generadas en este periodo extensional (García-Hernández, 2001; Vilas *et al.*, 2001; Vera *et al.*, 2004; Vilas *et al.*, 2004). La mayor parte de los materiales del Cretácico Inferior se depositaron en el Prebético Interno con importantes variaciones laterales de potencia y, a veces, también de facies. Por el contrario, el Prebético Externo queda en buena parte emergido, salvo episodios concretos de sedimentación que son claves a la hora de interpretar la evolución tectosedimentaria de la cuenca prebética. Como se indicó en el capítulo 1 de esta obra y se recoge en la figura 1.6, los materiales del Cretácico Inferior se incluyen en la Etapa sedimentaria 4, con una duración equivalente a los ciclos de segundo orden de Vera *et al.* (2004). Por otro lado, Vilas *et al.* (2004) definen cinco episodios sedimentarios dentro de la Etapa 4 que se pueden correlacionar con las secuencias deposicionales Ci1 a Ci7b que definieron García-Hernández *et al.* (2001); dicha correlación se muestra en la figura 4.1.

CICLOS Y SECUENCIAS DEPOSICIONALES

El ciclo Valanginiense superior – Hauteriviense

Según se acaba de exponer, las plataformas carbonatadas y mixtas con las que finaliza el ciclo jurásico se desarticulan en el Valanginiense inferior. Sobre un *hard-ground* generalizado se inicia la sedimentación cretácica, con facies muy diferentes y notablemente más abiertas que las anteriores, en áreas del Prebético Interno, y con un manifiesto control tectónico. Esto se traduce en cambios laterales considerables de potencia y en la propia geometría de los cuerpos sedimentarios.

Los primeros depósitos, de edad Valanginiense superior (Ci1; Fig. 4.1), son margas arenosas, con abundante fauna de ammonites, bivalvos, braquiópodos y erizos (Formación Nava del Espino, Martínez-Milán, 1998) que, hacia el sureste, cambian a una ritmita margoso-calcárea de carácter hemipelágico, con abundante fauna de ammonites del Valanginiense superior (Formación Canalejas, *op. cit.*). Sobre una y otra formación se superpone un conjunto esencialmente carbonatado de edad Hauteriviense inferior (Formación Archites, Martínez-Milán, 1998; Ci2, Fig. 4.1), en el que destaca la presencia de bioconstrucciones, formadas mayoritariamente por corales y estromatopóridos (Arias *et al.*, 1995; García-Hernández, 2001).

En la sierra de Segura existe un buen afloramiento de materiales de esta edad en el sector de Cerro Lobo, de aquí que fueron denominados por Vera *et al.* (1982) Formación Cerro Lobo. En el cuadro cronoestratigráfico realizado para el Prebético de las sierras de Cazorla y Segura (Fig. 4.1), se recoge la sucesión estratigráfica levantada en esta localidad, estudiada con detalle por García-Hernández (2001). Se han reconocido dos secuencias deposicionales, separadas por discontinuidades, con las que se inaugura el ciclo Cretácico Inferior (Ci1 y Ci2, Fig. 4.1). Los modelos sedimentarios cretácicos difieren notablemente de los jurásicos; se trata de plataformas mixtas, de tipo rampa homoclinal, por lo general abiertas, que evolucionan en el tiempo de distales a proximales. Las secuencias Ci1 y Ci2 se depositaron durante una intensa fase del *rifting* noratlántico.

La secuencia deposicional Ci3 corresponde al cambio de situación tectosedimentaria que acontece en el Hauteriviense superior, entre el ciclo Valanginiense superior – Hauteriviense y el ciclo "urgoniano" (Barremiense – Albiense), como resultado del comienzo de la fase más avanzada del *rifting* noratlántico. Se caracteriza por la extensión de la sedimentación hacia el noroeste, alcanzando el borde del Prebético Externo, donde los depósitos se apoyan directamente sobre términos del Jurásico Superior. Se trata de un breve episodio con escaso registro sedimentario representado por un nivel de arenas con cantos de cuarcita y, en los bordes de la cuenca, por facies calizo brechoides con abundante materia orgánica, de tipo palustre.

El ciclo Barremiense–Albiense: las formaciones "urgonianas"

En la sierra de Segura, las calizas "urgonianas" con rudistas y demás facies asociadas están muy bien representadas, aunque con espesores muy variables de unos sectores a otros, localizándose siempre por debajo de las arenas del Albiense superior, en facies "Utrillas". En este conjunto de facies, que se extienden a lo largo del Barremiense – Albiense, se ha podido distinguir una sucesión de secuencias deposicionales

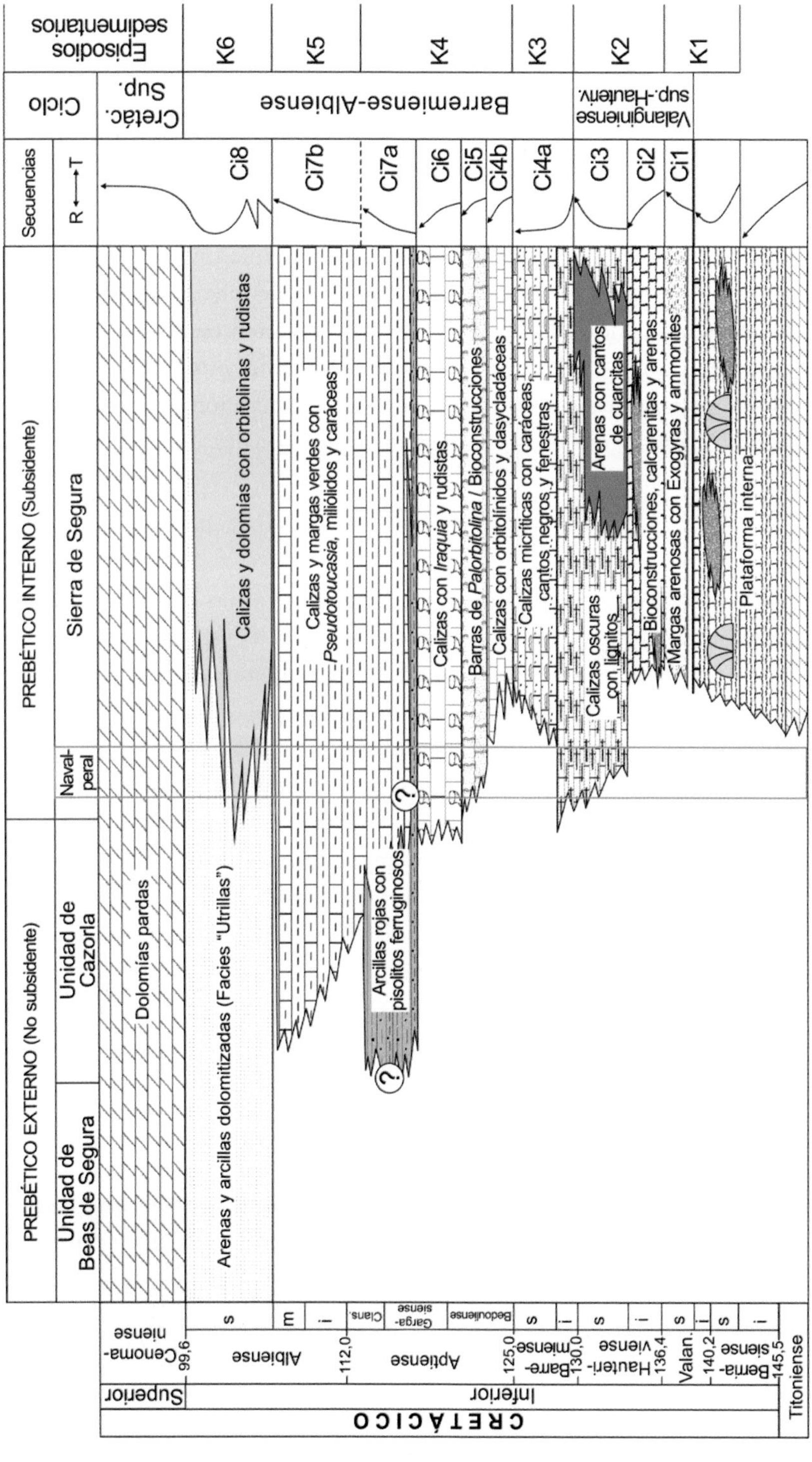

Figura 4.1. Cuadro cronoestratigráfico para el Cretácico de las Sierras de Cazorla, y Segura.

(Fig. 4.1) cuyos límites se marcan, en algunos casos, mediante saltos bruscos en las facies carbonatadas. En otros, los límites de secuencias se distinguen por la presencia de niveles de arenas cuarzosas que, aunque sean poco potentes, presentan una gran continuidad lateral. Por otra parte, la arquitectura estratigráfica de las unidades y las disconformidades presentes en algunos de sus límites son también criterios que permiten delimitar dichas secuencias.

El ciclo se inicia con una breve transgresión en el Barremiense inferior, marcada por los niveles con *Orbitolinopsis capuensis* y termina en el Albiense superior con la implantación generalizada de las facies "Utrillas". Este ciclo representa, en conjunto, la fase avanzada del *rifting* noratlántico, que condiciona, entre otros factores, el amplio desarrollo de plataformas carbonatadas, con una reactivación del mismo en el Aptiense superior. Se distinguen cuatro secuencias deposicionales, denominadas Ci4, Ci5, Ci6 y Ci7 (Fig. 4.1).

Secuencia Ci4

Se trata de una secuencia esencialmente formada por calizas micríticas, con algunas intercalaciones margosas, muy bien representada en el espacio-tiempo en la mayor parte de la sierra de Segura. Abarca desde el Barremiense inferior al Aptiense inferior (Bedouliense inferior), con una asociación muy característica de orbitolínidos puntiagudos (*Orbitolinopsis*) y pequeños rudistas. Dominan las facies de calizas con miliólidos, a veces con algas dasycladáceas, y las calizas blancas con pequeños cantos negros; hacia techo pueden intercalarse varios niveles finos de calizas bioconstruidas con corales. Esta secuencia deposicional representa la implantación progresiva y generalizada de la plataforma urgoniana, con amplio desarrollo de la plataforma protegida (*lagoon*) y del borde interno de la misma. Se ha subdividido en dos secuencias de menor orden, una inferior (Ci4a), representada por calizas lacustres tableadas con caráceas y puntuales intercalaciones marinas, de edad Barremiense *p.p.*, y otra superior (Ci4b), de facies marinas con predominio de micritas con rudistas y algunos bancos de corales, de edad Aptiense inferior *p.p.*

Secuencia Ci5

Está formada por una asociación característica de biocalcarenitas con *Palorbitolina lenticularis* seguida de una bioconstrucción de corales y algas, poco potentes, terminando la secuencia con una entrada generalizada de arenas. Corresponde a los depósitos de plataforma externa que inundan toda la región como consecuencia de la rápida y generalizada transgresión del Bedouliense superior (García-Hernández, 1978). En consecuencia, las barras de orbitolinas biselan a términos inferiores en el borde oeste de la sierra de Segura, donde falta la secuencia anterior. Con esta secuencia finaliza la parte inferior del ciclo "urgoniano".

Secuencia Ci6

Está representada por las calizas con rudistas e *Iraqia simplex* de la parte alta del Aptiense inferior, y limitada por niveles de arenas (Fig. 4.1). Aunque esta secuencia está muy generalizada en la sierra de Segura, su potencia no supera normalmente los 5 m. No obstante, en el borde occidental de la región, la potencia puede triplicarse, al corresponder a la parte más subsidente del bloque al que perteneció este dominio paleogeográfico.

Secuencia Ci7

Con esta secuencia deposicional, de edad Aptiense superior *p.p.*-Albiense inferior *p.p.* se inicia un nuevo estilo de sedimentación, con desarrollo de carbonatos pertenecientes al borde interno de la plataforma (facies palustres y supramareales), con entradas de terrígenos. Esta secuencia está muy desigualmente representada, debido a que se depositó durante el último episodio del *rifting* atlántico. En áreas poco subsidentes, como el Prebético Externo (sierra de Cazorla), o en bloques levantados, el registro está formado por una sucesión de arcillas con pisolitos ferruginosos, seguidos de margas verdes, que continúan con una sucesión carbonatada (Ci7); en sectores más subsidentes, esta secuencia está representada por un término inferior carbonatado (Ci7a, Fig. 4.1), formado por calizas carbonosas o bien con rudistas (*Pseudotoucasia*), y otro superior, más terrígeno, con margas arenosas ocres y algunos niveles carbonáticos con ostreidos (Ci7b, Fig. 4.1), datado como Albiense inferior-medio.

Secuencia Ci8.

La existencia de formaciones arenoso-lutíticas, con espesores variables, que a veces superan el centenar de metros, es un hecho característico en la parte norte de la sierra de Segura a partir del Aptiense superior, no así en las sierras del Pozo, Castril y Seca. Se trata de cuerpos gruesos de arenas blancas, con predominio de estructuras canalizadas, con cantos de cuarcita, que alternan con lutitas y arenas en bancos tabulares, más o menos delgados, con restos de carbón.

La secuencia Ci8, de edad Albiense superior (Fig. 4.1) comprende los materiales de facies "Utrillas" así como la Formación Jumilla. Se trata de una secuencia que aparece sobre materiales de diferentes edades en todo el Prebético, incluso se ha llegado a reconocer sobre materiales paleozoicos en las partes más externas de este dominio geológico. Esta secuencia deposicional, cuya base es una importante discontinuidad de edad Albiense medio-superior inaugura el ciclo Cretácico Superior. Se caracteriza por el depósito expansivo, tanto hacia cuenca como hacia el continente, de las arenas de facies "Utrillas", que pasan lateralmente, hacia la plataforma, a las calizas con rudistas y orbitolínidos (*Neorbitolinopsis conulus*), de la Formación Jumilla (Martín-Chivelet, 1992).

Las facies "Utrillas" constituyen la formación terrígena más importante de la sierra de Segura, tanto por el espesor que pueden alcanzar en la parte norte (varios centenares de metros), como por la extensión superficial que ocupan hacia el oeste, llegando a extenderse a la casi totalidad de la sierra de Cazorla, discordantes sobre distintos términos cretácicos y jurásicos (López-Garrido, 1971). Lateralmente y hacia el sur, las facies "Utrillas" se indentan con carbonatos progresivamente más desarrollados, que permiten datar el Albiense superior. Desde el punto de vista de la dinámica cortical, las facies "Utrillas" representan claramente los depósitos de *postrift* que se iniciaron anteriormente, y que en el Albiense superior se generalizan en toda la cuenca prebética.

INTERPRETACIÓN SEDIMENTARIA Y DINÁMICA TECTOSEDIMENTARIA

En cuanto a la interpretación sedimentaria de las facies, dominan, por una parte, las facies de plataforma interna (*lagoon*), mayoritariamente constituidas por calizas de grano fino con rudistas, foraminíferos bentónicos y algas dasycladáceas; menos abundantes, aunque muy significativas estratigráficamente, son las biocalcarenitas, especialmente las calcarenitas de *Palorbitolina lenticularis,* y las pequeñas bioconstrucciones de corales y algas, ambas del final del Aptiense inferior, que corresponden al único episodio "urgoniano" representado por facies de plataforma externa en esta región. Por otra parte, los ambientes del borde interno de la plataforma (llanuras costeras, áreas palustres, marismas, etc.) aparecen extensamente representados, tanto en el espacio (dada la relativa proximidad a la Meseta de este dominio paleogeográfico), como en el tiempo (sobre todo durante el Barremiense, Aptiense superior y Albiense inferior).

Desde el punto de vista de la dinámica tectosedimentaria, las facies "urgonianas" en la sierra de Segura, representan no sólo la última fase de la etapa del *rifting* atlántico (Fig. 4.2) que finaliza en el Aptiense superior *p.p.*, sino también el comienzo de la etapa de *post-rift,* a partir de dicha edad. La fase avanzada del *rifting* atlántico se refleja en un moderado aumento de la extensión ocupada por los sedimentos "urgonianos" hacia el borde de la cuenca prebética, respecto a la fase Valanginiense superior – Hauteriviense (Fig. 4.2), y por el desarrollo de facies más someras, mayoritariamente carbonatadas. La fase "urgoniana" de *post-rift*, que abarca desde el Aptiense superior *p.p.* hasta la base del Albiense superior, en facies "Utrillas", se reconoce por una mayor extensión de los sedimentos, que avanzan considerablemente hacia el oeste (sierra de Cazorla), por el evidente desarrollo de la discordancia de ruptura, que corta progresivamente, de este a oeste, a términos inferiores cretácicos y jurásicos (García-Hernández, 1978), y por el eventual incremento de sedimentos terrígenos respecto a la fase anterior. La discordancia de ruptura coincide con la base de un paleosuelo constituido por arcillas rojizas y amarillentas con abundantes pisolitos ferruginosos, que ha sido utilizado como un nivel guía muy característico en toda la sierra de Cazorla y en amplios sectores de la sierra de Segura.

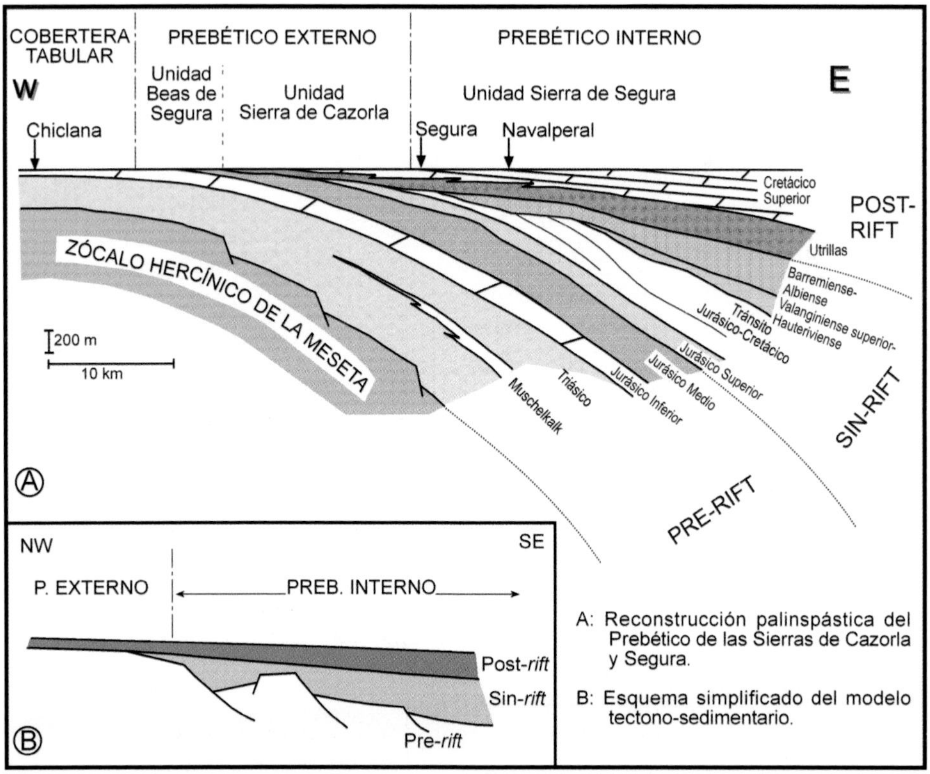

Figura 4.2. Sección paleogeográfica sintética para el Prebético de las Sierras de Cazorla y Segura. Las etapas pre-, sin- y post- *rift* se refieren a la apertura del Atlántico Norte.

EL CRETÁCICO INFERIOR EN LA SECCIÓN DE NAVALPERAL

La sección de Navalperal se localiza en uno de los sectores más externos del Prebético Interno (Fig. 4.3 y Figs. 4.4 a 4.7). En ella aflora un paquete inferior, de dolomías, margocalizas dolomíticas y calizas jurásicas que termina con una importante discontinuidad que abarca desde el Kimmeridgiense superior hasta el Hauteriviense *p.p.* (Figs. 4.5 y 4.8A). La sección de Navalperal (Figs. 4.4 a 4.7) muestra, con una magnífica calidad de afloramiento, una sucesión que comprende desde el Hauteriviense superior *p.p.*-Barremiense basal (?) al Albiense.

En un sector tan externo como éste, la sedimentación Aptiense-Albiense está bien desarrollada, aunque no todas las secuencias están representadas. De muro a techo, las unidades que se suceden son (Figs. 4.5 a 4.7): secuencia Ci3 (Fig. 4.5) constituida por una sucesión vertical desde calizas edáficas (calcretas, Fig. 4.8.B) con intercalaciones puntuales de calizas con una microfacies de *mudstone* de Characeae (Fig. 4.8C) hasta calizas con carbón y cantos negros (Figs. 4.8D, E, F). Su techo es una importante discontinuidad que abarcaría parte del Barremiense y la primera secuencia del Aptiense (Ci4b; Fig. 4.1). Sobre ella aflora la secuencia Ci5 (Figs. 4.5 y 4.6), en facies litorales mixtas de calcarenitas con *Palorbitolina lenticularis*, areniscas y arenas, todo el conjunto con estructuras de corrientes (estratificación cruzada y *ripples*; Figs. 4.9A y B); las microfacies dominantes en estos niveles de calcarenitas son *grainstones* de orbitolínidos (Fig. 4.9C y D) con abundantes foraminíferos planctónicos (Fig. 4.9E); en algunas muestras es posible observar cómo sobre determinadas orbitolinas se disponen foraminíferos encostrantes (Fig. 4.9F). Esta secuencia marca el máximo de la transgresión Aptiense, que en sectores más externos de la plataforma comienza antes (con la secuencia Ci4, aquí ausente). Sigue la secuencia Ci6 (Aptiense superior; Fig. 4.6), con rudistas (Fig. 4.10A, B y C) y orbitolinas (*Iraqia simplex*), anormalmente potente en esta

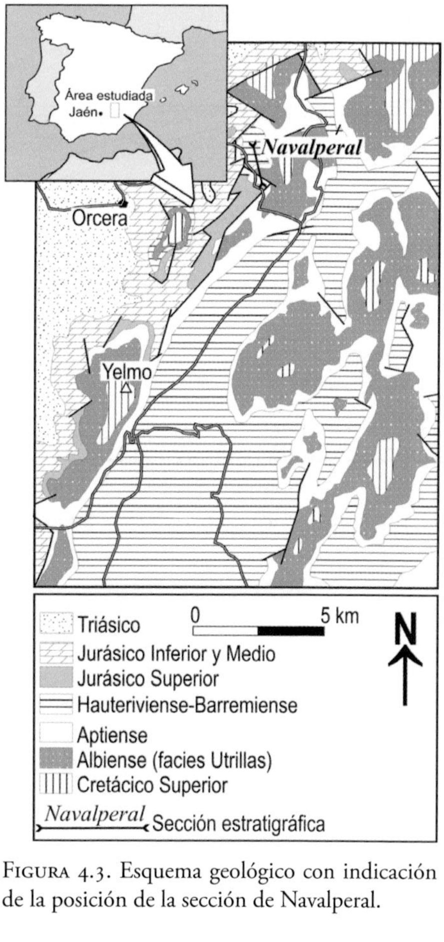

FIGURA 4.3. Esquema geológico con indicación de la posición de la sección de Navalperal.

sección; el techo de estas secuencias elementales se caracteriza por presentar rasgos propios de *hardgrounds* con abundantes marcas de bioerosión (Fig. 4.10D). Sobre ella, la secuencia Ci7a (Fig. 4.7), que es la más alta del Aptiense, está representada por calizas micríticas supramareales con brechas de cantos negros, que marca la tendencia regresiva de final del Aptiense. Los materiales del Albiense están peor representados, por estar parcialmente tectonizados y cubiertos. La secuencia Ci7b (Fig. 4.7) tiene un término inferior terrígeno y otro superior calizo dolomitizado. El techo de esta secuencia es una superficie de *hardground* (Fig. 4.7), que da paso a un paquete de dolomías, probablemente del Albiense superior (Fig. 4.7).

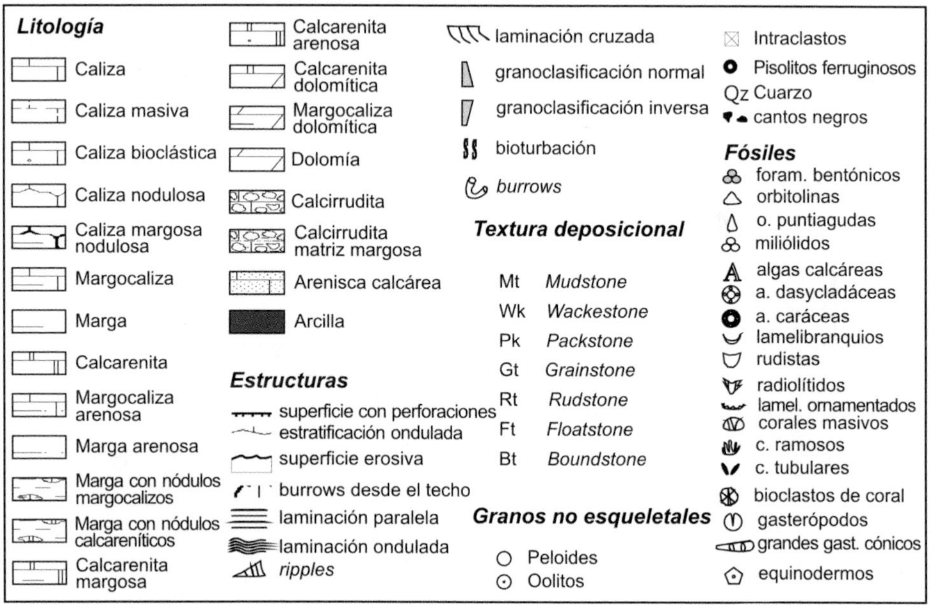

FIGURA 4.4. Leyenda para las secciones estratigráficas de las figuras 4.5 a 4.7.

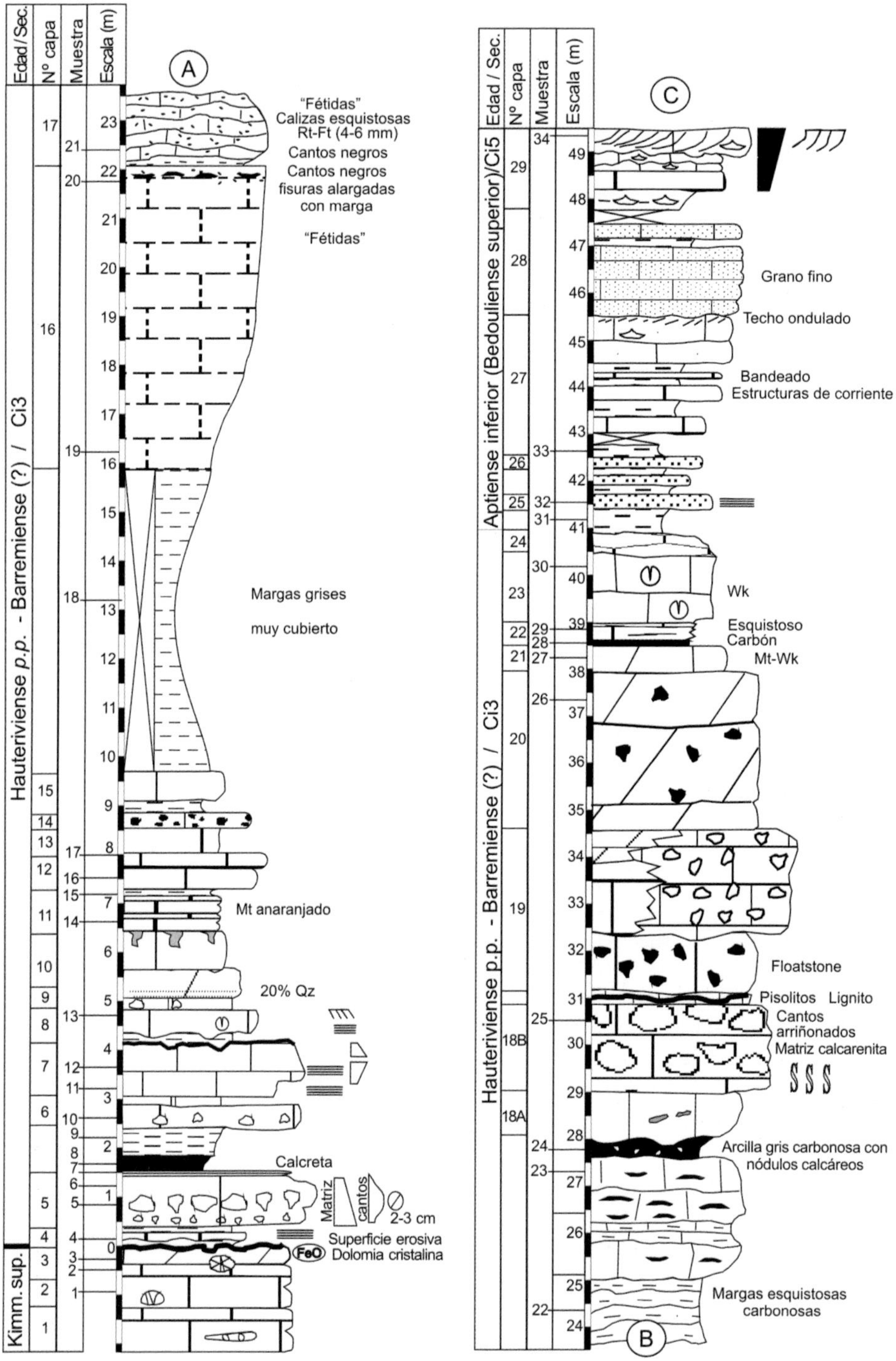

Figura 4.5. Secciones estratigráficas de detalle del sector de Navalperal. Contacto Jurásico – Cretácico y secuencias deposicionales Ci3 y Ci5.

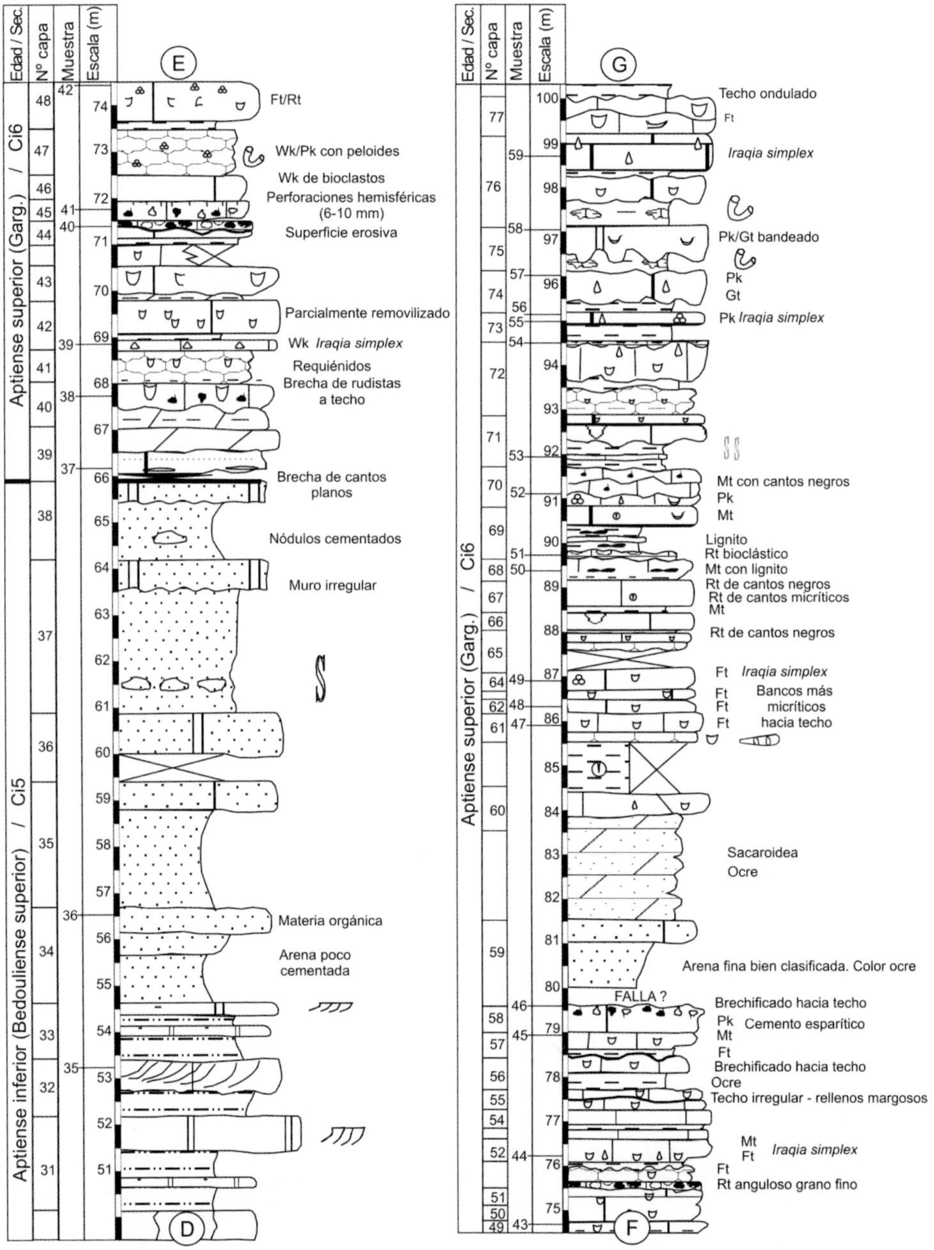

FIGURA 4.6. Secciones estratigráficas de detalle del sector de Navalperal. Secuencias deposicionales Ci5 y Ci6.

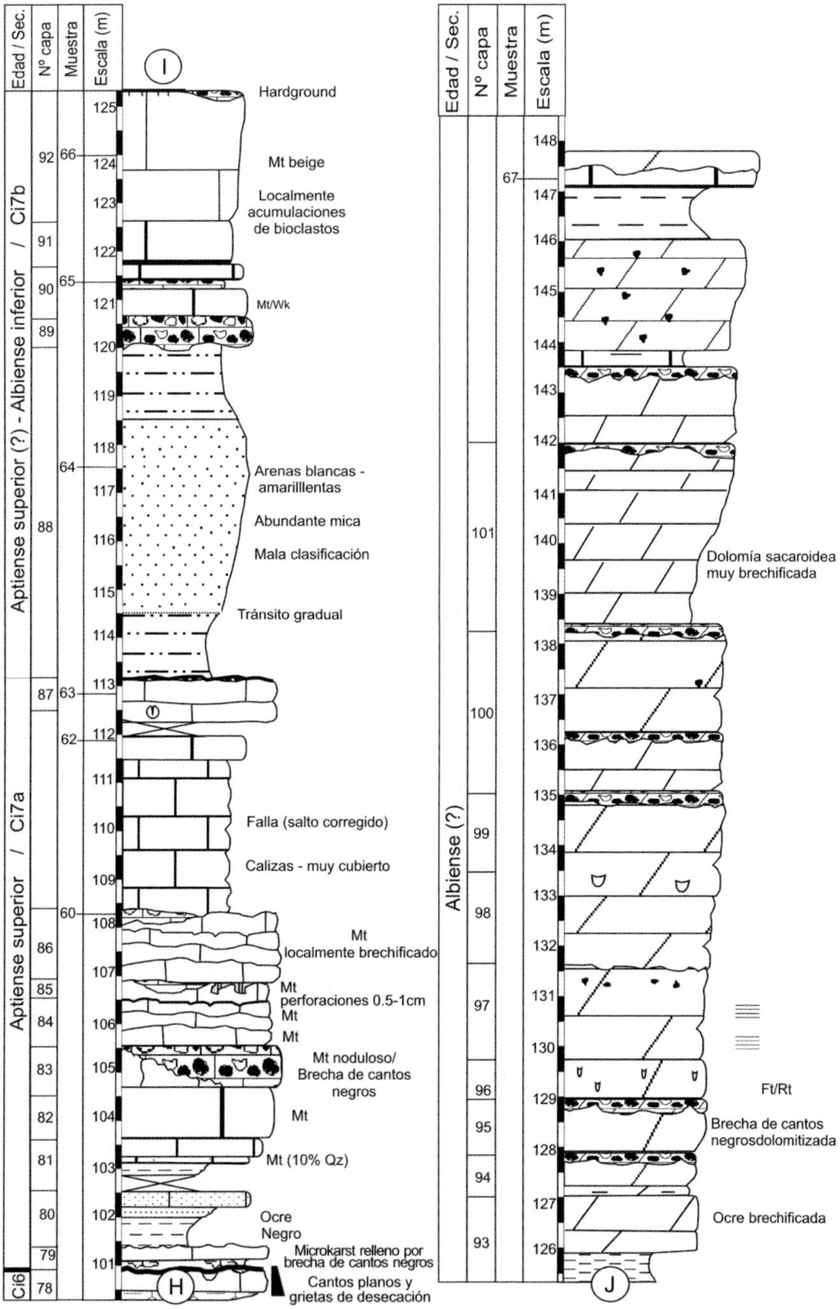

Figura 4.7. Secciones estratigráficas de detalle del sector de Navalperal. Secuencias deposicionales Ci7a y Ci7b, y materiales del Albiense (?).

Figura 4.8. Detalles de la secuencia Ci3 en la sección de Navalperal. A: Contacto Jurásico – Cretácico. B: Niveles de calcretas en la base del Cretácico Inferior. C: Microfotografías de Characeae de niveles intercalados entre las calcretas de la imagen anterior. D: Detalle de las calizas esquistosas "fétidas" con cantos negros. E: Niveles de carbón (flechas blancas) en las margas esquistosas. F: Microfotografía de un fragmento de carbón de las calizas esquistosas "fétidas".

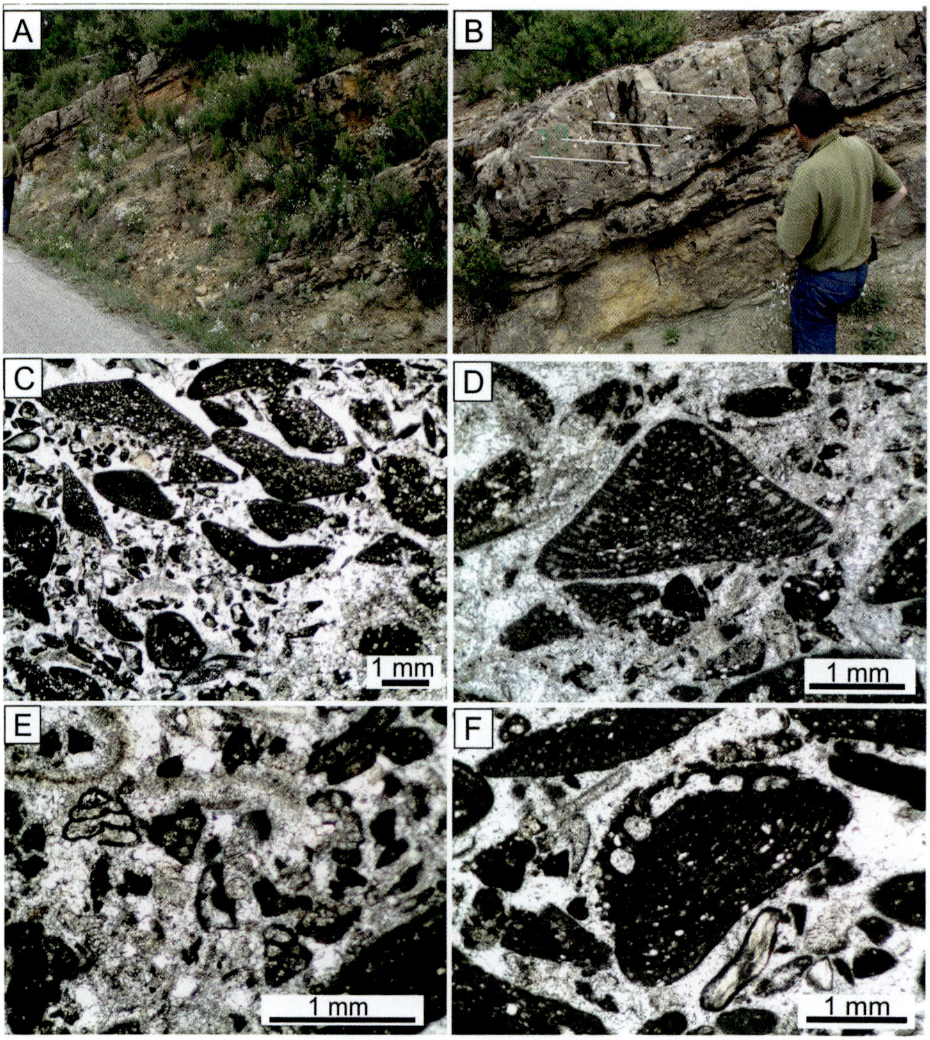

Figura 4.9. Detalles de la secuencia Ci5 en la sección de Navalperal. A: Aspecto general de las calcarenitas con orbitolinas y laminación cruzada. B: Detalle de un banco de calcarenitas con orbitolinas; se marca la laminación cruzada. C: Microfotografía de las facies de *grainstone* con orbitolinas. D: Microfotografía de una orbitolina. E: Microfotografía de las facies de *grainstone* con orbitolinas donde se puede observar algunos foraminíferos bentónicos. F: Microfotografía de una orbitolina encostrada por foraminíferos (*Placopsilina* sp.).

Figura 4.10. Detalles de la secuencia Ci6 en la sección de Navalperal. A: Ciclo elemental con brecha de rudistas (Requiénidos) sobre el que aparece un nivel con una microfacies de *wackestone* con *Iraqia simplex*. B: Niveles de rudistas. C: Detalle de un canto con rudistas. D: Detalle de las perforaciones hemiesféricas que aparecen en el techo de algunos bancos de rudistas.

REFERENCIAS

Aberhan, M. (1994): Guild-structure and evolution of mesozoic benthic shelf communities. *Palaios*, 9: 516-545.

Acosta, P. y García-Hernández, M. (1988): Las facies de plataforma carbonatada del Jurásico Inferior y Medio en la Sierra de Cazorla (Zona Prebética). *Geogaceta*, 5: 36-39.

Acosta, P., García-Hernández, M. y Checa, A. (1988): Biohermos de esponjas y estromatolitos en la secuencia transgresiva oxfordiense de la Sierra de Cazorla. *Geogaceta*, 5: 39-41.

Almeras, Y. y Elmi, S. (1985): Le contrôle des peuplements de brachiopodes: comparison des dominées du Jurassique et de l'actuel. *Ann. Soc. Géol. Nord*, 104: 127-140.

Amorosi, A. (1995): Glaucony and sequence stratigraphy: a conceptual framework of distribution in siliciclastic sequences. *Journal of Sedimentary Research*, 65 (4): 419-425.

Amorosi, A. (1997): Detecting compositional, spatial, and temporal attributes of glaucony: a tool for provenance research. *Sedimentary Geology*, 109: 135-153.

Arias, C., Masse, J.P. y Vilas, L. (1995): Hauterivian shallow marine calcareous biogenic mounds: SE Spain. *Palaeogeography, Palaeoclimatology, Palaeoecology*, 119: 3-17.

Atrops, F. y Meléndez, G. (1993): Current trends in systematics of Jurassic ammonoidea: The case of Oxfordian-Kimmeridgian perisphinctids from southern Europe. *Geobios*, 15: 19-31.

Aurell, M. (1991): Identification of systems tracts in low-angle carbonate ramps: examples from the Upper Jurassic of the Iberian Chain (Spain). *Sedimentary Geology*, 73: 101-115.

Azèma, J., Foucault, A., Fourcade, E., García-Hernández, M., González-Donoso, J.M., Linares, A., Linares, D., López-Garrido, A.C., Rivas, P. y Vera, J.A. (1979): *Las microfacies del Jurásico y Cretácico de las Zonas Externas de las Cordillera Béticas*. Univ. Granada, 83 pp.

Bello, J., Meléndez, G. y Pérez-Urresti, I. (1995): The Transversarium-Bifurcatus Zone boundary (Middle Oxfordian) in the northeastern Iberian Chain (Spain): associated discontinuities and stratigraphic gaps. *Geogaceta*, 18: 113-116.

Bernier, P. (1984): Les formations carbonatées du Kimméridgien et du Portlandien dans le Jura méridional. Stratigraphie, micropaléontologie, sédimentologie. *Documents du Laboratoire de Géologie de Lyon*, 92 (1, 2): 803 pp.

Besems, R.E. (1981): Aspects of middle and late triassic palynology. 2. Preliminary palynological data from the Hornos-Siles formation of the prebetic zone, NE province of Jaen (Southeastern Spain). *Review of Palaeobotany and Palynology*, 32(4): 389-400.

Besems, R.E. (1983): Aspects of Middle and Late Triassic palynology. 3. Palynology of the Hornos-Siles Formation (Prebetic Zone, Province of Jaén, Southern Spain) with additional information on the macro-and microfaunas. *Schriftenreihe der Erdwissenschaftlichen Kommissionen*, 5: 37-56.

Bourseau, J.P. y Elmi, S. (1980): Le passage des faciès de bordure («Calcaires grumeleux») aux faciès de bassin dans l'Oxfordien de la bordure vivaro-cévenole du Massif Central fraçais (Ardèche – Gard). *Bulletin de la Société Géologique du France*, 22 (4): 607-611.

Bruton, F.R. y Dixon, O.A. (1994): Siliceous sponge-microbe biotic associations and their recurrence through the Phanerozoic as reef mound constructors. *Palaios,* 9: 370-387.

Cariou, E. y Meléndez, G. (1990): A modified perisphinctid zonation for the Middle Oxfordian of southern Europe, submediterranean province. En: *1st Oxfordian Meeting, Zaragoza*, pp. 129-151.

Cariou, E., Atrops, F., Hantzpergue, P., Enay, R. y Rioult, M. (1991): Oxfordien. Réactualisation des échelles d'ammonites. En: *3rd International Symposium of Jurassic Stratigraphy, Abstract vol.*, p.132.

Cariou, E., Enay, R. y Tintant, H. (1971): Oxfordien. Les zones du Jurassique en France. *Comptes Rendus de la Société Géologique de France*, 6: 18-21.

Castro, J.M. (1998): Las plataformas del Valanginiense superior – Albiense superior en el Prebético de Alicante. Tesis Doctoral, Univ. de Granada, 464 pp.

Cecca, F. (1992): Ammonite habitats in the Early Tithonian of Western Tethys. *Lethaia*, 25: 257-267.

Copper, P. (1992): Organisms and carbonate substrates in marine environments. *Geoscience Canada 19 (3) Paleoscene,* 14: 97-112.

Crespo-Blanc, A., Estévez, A., López-Garrido, A.C., Martín-Algarra, A., Molina, J.M., Sanz de Galdeano, C. y Vera, J.A. (2004): Deformación orogénica de las Zonas Externas Béticas. En: *Geología de España* (J.A. Vera, Ed.). SGE-IGME, Madrid, 387-389.

Dabrio, C.J. (1973): Geología del sector del alto Segura (Zona Prebética). Tesis doctoral, Univ. de Granada, 388 pp.

Delvene, G. (2000): Los bivalvos del Jurásico Medio y Superior en la Cordillera Ibérica (España): sistemática y paleoecología. Tesis doctoral, Univ. Zaragoza, 209 pp.

Dommergues, J.L., Elmi, S., Mouterde, R. y Rocha, R.B. (1981): Calcaire grumeleux du Carixien Portugais. En: *Proceedings Rosso Ammonitico Symposium.* (A. Farinacci y S. Elmi, Eds.). Tecnoscienza, pp. 199-206.

Dromart, G. y Elmi, S. (1985): Analyse sédimentaire de la séquence grumeleuse inférieur et de ses équivalents lateraux: modalités du passage au bassin des "Terres Noires" (Oxfordien). *Documents du Bureau de la Recherche Géologique et Minière,* 95-11: 91-98.

Dromart, G. y Elmi, S. (1986): Développement de structures cryptalgaires en domaine pélagique au cours de l'ouverture des bassins jurassiques (Atlantique Central, Tethys occidentale). *Comptes Rendu de la Academie de Sciences de Paris,* 303 (II, 4): 311-316.

Dromart, G., Gaillard, C. y Jansa, L.F. (1994): Deep-marine microbial structures in the Upper Jurassic of western Tethys. En: *Phanerozoic Stromatolites II* (J. Bertrand-Sarfati, y C. Monty, Eds.). Kluwer Academic Publishers, pp. 295-318.

Elmi, S., Rocha, R.B. y Mouterde, R. (1988): Sedimentation pelagique et encroûtements cryptalgaires; les calcaires grumeleux du Carixien Portugais. *Ciencias da Terra,* 9: 69-90.

Fernández, J. y Pérez-López, A. (2004): Triásico. En: *Geología de España* (J.A. Vera, Ed.). SGE-IGME, Madrid, 365-366.

Fernández, J., Dabrio, C.J. y Pérez-López, A. (1994): *El Triásico de la región de Siles – Alcaraz (Cordillera Bética).* Caja Castilla La Mancha, 47 pp.

Fernández, J., Pérez-López, A., y Dabrio, C. (1994): El triásico de la región de Siles-Alcaraz (Cordillera Bética). En: *III Congreso del Triásico de España: Field Guide* (A. Arche, Ed.). Madrid: Grupo Español del Mesozoico, p. 46.

Foucault, A. (1971): Étude géologique des environs des sources du Guadalquivir (Provinces de Jaén et Grenade, Espagne méridionale). Tesis Doctoral, Univ. Paris, 633 pp.

Fürsich, F.T. (1984): Palaeoecology of boreal invertebrate faunas from the Upper Jurassic of Central East Greenland. *Palaeogeography Palaeoclimatology Palaeoecology,* 48: 309-364.

Fürsich, F.T. y Hurst, J.M. (1974): Environmental factors determining the distribution of brachiopods. *Paleontology,* 17 (4): 879-900.

Fürsich, F.T. y Werner, W. (1986): Benthic associations and their environmental significance in the Lusitanian Basin (Upper Jurassic, Portugal). *Neues Jahrbuch für Geologie und Paläontologie – Abhandlungen,* 172 (3): 271-329.

Fürsich, F.T., Oschmann, W., Jaitly, A.K. y Singh, I.B. (1991): Faunal response to transgressive-regressive cycles: example from the Jurassic of western India. *Palaeogeography Palaeoclimatology Palaeoecology*, 85: 149-159.

Gaillard, C. (1983): Les biohermes à spongiaires et leur environment dans l'Oxfordian du Jura meridional. *Documents du Laboratoire de Géologie de Lyon*, 90: 515 pp.

García-Hernández, M, González-Donoso, J.M., Linares, A., Rivas, P. y Vera, J.A. (1976): Características ambientales del Lías inferior y medio en la Zona Subbética y su significado en la interpretación general de la cordillera. En: *Reunión sobre la Geodinámica de la Cordillera Bética y Mar de Alborán*. Univ. de Granada, 125-157.

García-Hernández, M. (1978): El Jurásico terminal y el Cretácico Inferior en las sierras de Cazorla y del Segura (Zona Prebética). Tesis doctoral, Univ. de Granada, 344 pp.

García-Hernández, M. (1981): Biozonation du Crétacé Inférieur a l'aide des foraminifères bentiques et des algues dasycladacées dans le Prébétique occidental (Cordillères Bétiques). *Géobios*, 14: 261-267.

García-Hernández, M. (2001): El Ciclo Valanginiense superior–Hauteriviense inferior en la Sierra de Segura: registro de una etapa de extensión cortical en el Cretácico Inferior de la Zona Prebética. *Geotemas*, 3: 189-192.

García-Hernández, M. (coord.), López-Garrido, A.C. y Vera, J.A. (2004): El Prebético del sector central y afloramientos más occidentales. En: *Geología de España* (J.A. Vera, Ed.). SGE-IGME, Madrid, 363-372.

García-Hernández, M. y López-Garrido, A.C. (1979a): *Itinerarios geológicos por las Zonas Externas de las Cordilleras Béticas. Itinerario: Sierras de Cazorla y Segura.* Univ. Granada, 77 pp.

García-Hernández, M. y López-Garrido, A.C. (1979b): El tránsito Jurásico-Cretácico en la Zona Prebética. *Cuadernos de Geología de la Universidad de Granada*, 10: 535-544.

García-Hernández, M., Castro, J.M. y Nieto, L.M. (2001): Los carbonatos del Cretácico Inferior del Prebético de la sierra de Segura. En: *Itinerarios geológicos por el Mesozoico de la provincia de Jaén* (P.A. Ruiz-Ortiz, J.M. Molina, L.M. Nieto, J.M. Castro y G.A. de Gea, Eds.). Departamento de Geología, Universidad de Jaén, 61-91.

García-Hernández, M., López-Garrido, A.C. y Olóriz, F. (1979): El Oxfordiense y el Kimmeridgiense inferior en la Zona Prebética. *Cuadernos de Geología de la Universidad de Granada,* 10: 527-535.

García-Hernández, M., López-Garrido, A.C. y Olóriz, F. (1981): Étude des calcaires noduleux du Jurassique superieur de la Zone Prébétique (Cordillères Bétiques, SE de l'Espagne). En: *Proceedings Rosso Ammonitico Symposium* (A. Farinacci y S. Elmi, Eds.). Tecnoscienza, pp. 419-434.

García-Hernández, M., López-Garrido, A.C. y Vera, J.A. (1982): El Cretácico de la Zona Prebética. En: *El Cretácico de España*, Universidad Complutense de Madrid, 526-570.

García Hernández, M., López Garrido, A.C., Rivas, P., Sanz de Galdeano, C., y Vera, J.A. (1980): Mesozoic paleogeographic evolution in the Externes Zones of the Betic Cordillera (Spain). *Geologie in Mijnbow*, 59: 155-168.

Gil, A., Fernández, J., García-Hernández, M., López-Garrido, A. C., y Hirsch, F. (1987): Las facies carbonatadas del Trías medio de La Formación Hornos-Siles (provincia de Jaén, Zona Prebética). *Cuadernos de Geología de la Universidad de Granada*, 11: 445–458.

Giresse, P. y Wiewióra, A. (2001): Stratigraphic condensed deposition and diagenetic evolution of green clay minerals in deep water sediments on the Ivory Coast-Ghana Ridge. *Marine Geology*, 179: 51-70.

Gradinaru, E. y Barbulescu, A. (1994): Upper Jurassic brachiopod faunas of central and north Dobrogea (Romania): Biostratigraphy, paleoecology and paleobiogeography. *Jb. Geol. Bund.*, 137 (1): 43-84.

Gygi, R.A. (1986): Eustatic sea level changes of the Oxfordian (Late Jurassic) and their effect documented in sediments and fossil assemblages of an epicontinental sea. *Eclogae Geologicae Helvetiae*, 79 (2): 455-491.

Haq, B.U., Hardenbol, J. y Vail, P.R. (1987): Chronology of fluctuating sea level since the Triassic. *Science*, 235: 1156-1167.

Haq, B.U., Hardenbol, J. y Vail, P.R. (1988): Mesozoic and Cenozoic chronostratigraphy and cycles of sea-level change. En: *Sea-level changes-An integrated approach* (C.K. Wilgus, B.S. Hastings, C.G.St.C. Kendall, H.W. Posamentier, C.A. Ross, y J.C. van Wagoner, Eds.). SEPM Spec. Publ. 42, pp. 71-108.

Hirsch, F. (1972): Middle Triassic conodonts from Israel, southern France and Spain. *Mitt. Ges. Geol. Bergbaustud*, 21: 811-828.

Hirsch, F. (1977): Essai de correlation biostratigraphique des niveaux Méso et Néotriasiques de Faciés "Muschelkalk" du Domaine Sepharade. *Cuadernos de Geología Ibérica*, 4: 511-526.

Jiménez-Jiménez, A. P., López Garrido, A. C., Checa, A. y Márquez-Aliaga, A. (2003): Niveles de acumulación de bivalvos en el Trías Medio de la Formación Hornos-Siles (Jaén). En: *Libro de Resúmenes, XIX Jornadas de la Sociedad Española de Paleontología*. Morella. pp. 96-97.

Kennedy, W.J. y Cobban, W.A. (1976): Aspects of ammonite biology, biogeography and biostratigraphy. *Special Papers in Paleontology*, 17: 1-94.

Kidwell, S.M. (1985): Palaeobiological and sedimentological implications of fossil concentrations. *Letters to Nature*, 318: 457-460.

Kidwell, S.M. (1986): Models for fossil concentrations: paleobiologic implications. *Paleobiology*, 12 (1): 6-24.

López-Garrido, A.C. (1971): Geología de la Zona Prebética, al NE de la provincia de Jaén. Tesis doctoral, Univ. de Granada, 317 pp.

López-Garrido, A.C. y García-Hernández, M. (1988): Ciclos sedimentarios mayores en la primera fase carbonatada de la plataforma prebética (Lias-Valanginiense inferior). En: *II Congreso Geológico de España*, volumen 1: 107-110.

López-Garrido, A.C. y Jerez-Mir, F. (1971): La serie estratigráfica de Navalperal. Serie tipo del Mesozoico Prebético en la región de Orcera-Siles (provincia de Jaén). *Acta Geológica Hispánica*, VI (1): 15-18.

Marques, B., Olóriz, F. y Rodríguez-Tovar, F.J. (1991): Interactions between tectonics and eustasy during the Upper Jurassic and Lowermost Cretaceous. Examples from the south of Iberia. *Bulletin de la Société Géologique du France,* 162 (6): 1109-1124.

Márquez-Aliaga, A., Hirsch, F. y López-Garrido, A. C. (1986): Middle Triassic bivalves from the Hornos-Siles Formation (Sephardic Province, Spain). *Neues Jahrbuch für Geologie und Paläontologie, Abhandlungen*, 173: 201-227.

Martín-Chivelet, J. (1992): Las Plataformas Carbonatadas del Cretácico Superior de la Margen Bética (Altiplano de Jumilla – Yecla, Murcia). Tesis doctoral, Universidad Complutense de Madrid, 900 pp.

Martín-Chivelet, J. y Chacón, B. (2004): Ciclo V. En: *Geología de España* (J.A. Vera, Ed.). SGE-IGME, Madrid, 369-370.

Martínez del Olmo, W. (2003): La Plataforma Cretácica del Prebético y su falta de continuidad por el Margen Sudibérico. *Journal of Iberian Geology*, 29: 111-133.

Martínez del Olmo, W., Leret, G. y Megías, A.G. (1982): El límite de la plataforma carbonatada del Cretácico Superior de la Zona Prebética. *Cuadernos de Geología Ibérica*, 8: 597-614.

Martínez del Olmo, W., Motis, K. y Martín, D. (2015): El papel del diapirismo de la sal triásica en la estructuración del Prebético (SE de España). *Revista de la Sociedad Geológica de España*, 28(1): 3-24.

Martínez-Milán, J.J. (1998): Estratigrafía y paleogeografía del ciclo Valanginiense superior-Hauteriviense inferior en la Sierra de Segura (Zona Prebética).Tesis de licenciatura, Univ. de Granada, 121 pp.

Meléndez, G. (1989): El Oxfordiense en el sector central de la Cordillera Ibérica (provincias de Zaragoza y Teruel). Tesis doctoral, Universidad Complutense, 418 pp.

Meléndez, G., Pérez-Urresti, I. y Bello, J. (1995): Biostratigraphic subdivisions of Bimammatum Zone (Upper Oxfordian) in the nororiental Iberian Chain: facies and range of discontinuities. *Geogaceta*, 18: 117-120.

Niemeyer, J. (2002): Invertebraten und vertebraten aus dem Muschelkalk von Siles (Jaén), Spanien. *Munstersche Forschungen zur Geologie und Palaontologie*, 94: 1-99.

Odin, G.S. y Létolle, R. (1980): *Glauconitization and phosphatization environments: a tentative comparison*. SEPM Special Publication, 29: 227-237.

Olóriz, F. (1985): Paleogeography and ammonites in the Upper Jurassic. Outlines for a pattern. En: *Fossili, Evoluzione, Ambiente* (G. Pallini, Ed.). Atti 1st Convention, Pergola, 1984, pp. 1-9.

Olóriz, F. (1990): Ammonite phenotypes and ammonite distributions. Notes and comments. En: *Fossili, Evoluzione, Ambiente* (G. Pallini, F. Cecca, S. Cresta y M. Santantonio, Eds.). Atti 2nd Convention, Pergola 1987. Tecnostampa, pp. 417-426.

Olóriz, F. y Rodríguez-Tovar, F.J. (1996): The ammonite *Sutneria* from the Upper Jurassic of southern Spain. *Palaeontology* 39 (4): 851-867.

Olóriz, F. y Rodríguez-Tovar, F.J. (1998): Multifactorial control on deposition of epicontinental hemo-pelagic carbonates during the earliest Kimmeridgian (Prebetic Zone, southern Spain). *Sedimentary Geology*, 119: 123-139.

Olóriz, F. y Rodríguez-Tovar, F.J. (1999): Biostratigraphic review and ecostratigraphic analysis of the Fuente Alamo profile (External Prebetic, Betic Cordillera, Spain). *Profil*, 16: 73-81.

Olóriz, F., Caracuel, J. y Rodríguez-Tovar, F.J. (1995): Using ecostratigraphic trends in sequence stratigraphy. En: *Sequence stratigraphy and depositional response to eustatic, tectonic and climatic forcing* (B.U. Haq, Ed.). Kluwer Academic Publisher, pp. 59-85.

Olóriz, F., Caracuel, J.E., Ruiz-Heras, J.J., Rodríguez-Tovar, F.J. y Marques, B. (1996): Ecostratigraphic approaches, sequence stratigraphy proposals and block tectonics: examples from epioceanic swell areas in south and east Iberia. *Palaeogeography Palaeoclimatology Palaeoecology*, 121: 273-295.

Olóriz, F., Palmqvist, P. y Pérez-Claros, J.A. (2002b): Morphostructural constraints and phylogenetic overprint on sutural frilling in Late Jurassic ammonites. *Lethaia*, 35: 158-168.

Olóriz, F., Reolid, M. y Rodríguez-Tovar, F.J. (1999): Fine-resolution ammonite biostratigraphy at the Río Gazas-Chorro II section in Sierra de Cazorla (Prebetic Zone, Jaén Province, southern Spain). *Profil*, 16: 83-94.

Olóriz, F., Reolid, M. y Rodríguez-Tovar, F.J. (2002a): Fossil assemblages, lithofacies and taphofacies for interpreting depositional dynamics in epicontinental Oxfordian (Prebetic

Zone, Betic Cordillera, southern Spain). *Palaeogeography Palaeoclimatology Palaeoecology*, 185: 53-75.

Olóriz, F., Reolid, M. y Rodríguez-Tovar, F.J. (2003): Palaeogeographic and stratigraphic distribution of Mid-Late Oxfordian foraminiferal assemblages in the Prebetic Zone (Betic Cordillera, southern Spain). *Geobios*, 36 (6): 733-747.

Olóriz, F., Reolid, M. y Rodríguez-Tovar, F.J. (2004): Taphonomy of ammonite assemblages from the Middle-Upper Oxfordian (Transversarium?-Bifurcatus Zones) in the Internal Prebetic (Betic Cordillera, southern Spain): Taphonic populations and taphofacies to support ecostratigraphic interpretations. *Rivista Italiana di Paleontologia e Stratigrafia*, 110 (1): 239-248.

Olóriz, F., Reolid, M. y Rodríguez-Tovar, F.J. (2006): Approaching trophic structure in Late Jurassic neritic shelves: a western Tethys example from southern Iberia. *Earth-Science Reviews*, 79 (1-2): 101-139.

Olóriz, F., Reolid, M. y Rodríguez-Tovar, F.J. (2012): Palaeogeography and relative sea-level history forcing eco-sedimentary contexts in Late Jurassic epicontinental shelves (Prebetic Zone, Betic Cordillera): an ecostratigraphic approach. *Earth-Science Reviews*, 111: 154-178.

Olóriz, F., Rodríguez-Tovar, F.J., Chica-Olmo, M. y Pardo, E. (1992a): The marl-limestone rhythmites from the Lower Kimmeridgian (Platynota Zone) of the Central Prebetic and their relationship with variations in orbital parameters. *Earth and Planetary Science Letters*, 111: 407-424.

Olóriz, F., Rodríguez-Tovar, F.J. y Marques, B. (1992b): Asociaciones fósiles y medio deposicional. Proximalidad y profundidad de depósito de la ritmita del Kimmeridgiense inferior (Zona Platynota) en el Prebético central. *Revista de la Sociedad Geológica de España*, 5: 89-99.

Olóriz, F., Rodríguez-Tovar, F.J. y Marques, B. (1994): Macroinvertebrates assemblages and ecostratigraphic structuration within a highstand system tract. An example from the Lower Kimmeridgian in southern Iberia. *Geobios*, 17: 605-614.

Parnes, A. (1977): On a binodose Ceratitid from southeastern Spain. *Cuadernos de Geología Ibérica*, 4: 522-523.

Parnes, A., Benjamini, C. y Hirsch, F. (1985): New aspects of Triassic ammonoid biostratigraphy, paleoenvironments and paleobiogeography in southern Israel (Sepharadic province). *Journal of Paleontology*, 59(3): 656-666.

Pérez-López, A. (2001): Significance of pot and gutter casts in a Middle Triassic carbonate platform, Betic Cordillera, southern Spain. *Sedimentology*, 48: 1371-1388.

Pérez-López, A. y Pérez-Valera, F. (2012): Tempestite facies models for the epicontinental Triassic carbonates of the Betic Cordillera (southern Spain). *Sedimentology*, 59(2): 646-678.

Pérez-Valera, F. (2005): Estratigrafía y tectónica del Triásico Sudibérico en el sector oriental de la Cordillera Bética. Tesis doctoral, Univ. de Granada, 301 pp.

Pérez-Valera, F., y Pérez-López, A. (2008): Stratigraphy and sedimentology of Muschelkalk carbonates of the Southern Iberian Continental Palaeomargin (Siles and Cehegin Formations, Southern Spain). *Facies*, 54(1): 61-87.

Pérez-Valera, J. A. (2005): Ammonoideos y bioestratigrafía del Triásico Medio (Anisiense superior-Ladiniense) en la sección de Calasparra (sector oriental de la Cordillera Bética, Murcia, España). *Coloquios de Paleontología*, 55: 125-161.

Pérez-Valera, J. A., Barroso-Barcenilla, F., Goy, A. y Pérez-Valera, F. (2014): Nautiloids from the Muschelkalk facies of the South-Iberian Triassic (Betic Ranges, Southern Spain). En: *Abstract book, 9th International Symposium Cephalopods – Present and Past* (C. Klug y D. Fuchs, Eds.). Zurich, p. 134.

Pomar, L., Morsilli, M., Hallock, P. y Badenas, B. (2012): Internal waves, an under-explored source of turbulence events in the sedimentary record. *Earth-Science Reviews*, 111: 56-81.

Rein, S. (2008): Ceratites atavus auf Mallorca? - Die Muschelkalkammonoideen des Museu Balear de Sciencies Naturals Sóller. *Vernate*, 27: 5-19.

Reolid, M. (2003): Dinámica eco-sedimentaria durante el Oxfordiense medio-Kimmeridgiense temprano en la Zona Prebética: Interpretación ecoestratigráfica y secuencial. Tesis doctoral, Univ. Granada, 254 pp.

Reolid, M. (2007): Taphonomy of the Oxfordian-Lowermost Kimmeridgian Siliceous Sponges of the Prebetic Zone (Southern Iberia). *Journal of Taphonomy*, 5 (2): 71-90.

Reolid, M., Gaillard, C., Olóriz, F. y Rodríguez-Tovar, F.J. (2005): Microbial encrustation from the Middle Oxfordian-earliest Kimmeridgian lithofacies in the Prebetic Zone (Betic Cordillera, southern Spain): characterization, distribution and controlling factors. *Facies*, 50 (3-4): 529-543.

Reolid, M., Nagy, J., Rodríguez-Tovar, F.J. y Olóriz, F. (2008a): Foraminiferal assemblages as palaeoenvironmental bioindicators in Late Jurassic epicontinental platforms: Relation with trophic conditions. *Acta Palaeontologica Polonica*, 53 (4): 706-722.

Reolid, M., Rodríguez-Tovar, F.J., Nagy, J. y Olóriz, F. (2008b): Benthic foraminiferal morphogroups of mid to outer shelf environments of the Late Jurassic (Prebetic Zone, Southern Spain): Characterization of biofacies and environmental significance. *Palaeogeography Palaeoclimatology Palaeoecology*, 261: 280-299.

Rodríguez-Tovar, F.J. (1990): Estudio de la ritmita kimmeridgiense en el Prebético central (Sectores de Cazorla y Segura de la Sierra). Tesis Lic. Univ. Granada, 197 pp.

Rodríguez-Tovar, F.J. (1993): Evolución paleogeográfica y ecoestratigráfica en plataformas epicontinentales del margen Sudibérico durante el Kimmeridgiense inferior. Tesis doctoral, Univ. Granada, 344 pp.

Rodríguez-Tovar, F.J., Reolid, M. y Pardo-Igúzquiza, E. (2010): Planktonic versus benthic foraminifera response to Milankovitch forcing (Late Jurassic, Betic Cordillera): Testing methods for cyclostratigraphic analysis. *Facies*, 56: 459-470.

Salas, R. (1989): Evolución estratigráfica secuencial y tipos de plataformas de carbonatos del intervalo Oxfordiense-Berriasiense en las cordilleras ibérica oriental y costero catalana meridional. *Cuadernos de Geología Ibérica*, 13: 121-157.

Samson, Y. (2001): Foraminifères et reconstitution des variations bathymetriques: exemple du Kimméridgien de la région du Havre (Seine-Maritime, Normandie, France). *Revue de Micropaléontologie*, 44 (1): 59-91.

Sanz de Galdeano, C. (2003): Presencia de estructuras oblicuas en el sector central del Subbético y significado de la Falla de Tíscar (Cordillera Bética). *Revista de la Sociedad Geológica de España*, 16(1-2): 103-110.

Sanz de Galdeano, C., Galindo Zaldívar, J., López-Garrido, A.C., Alfaro, P., Pérez-Valera, F., Pérez-López, A. y García-Tortosa, F.J. (2006): La Falla de Tíscar: su significado en la terminación sudoeste del Arco Prebético. *Revista de la Sociedad Geológica de España*, 19: 271-280.

Sanz de Galdeano, C., García-Tortosa, F.J. y Peláez, J.A. (2013): Estructura del Prebético de Jaén (Sector de Bedmar). Su relación con el avance del Subbético y con fallas en el basamento. *Revista de la Sociedad Geológica de España*, 26(1): 55-68.

Schweigert, G. y Callomon, J.H. (1997): Der bauhini-Faunenhorizont und seine Bedeutung für die Korrelation zwischen tethyalem und subborealem Oberjura. *Stuttgarter Beiträge zur Naturkunde, Serie B*, 247: 1-69.

Smith, A. (1984): *Echinoid palaeobiology. Special Topics in Palaeontology*. Allen & Unwin Ltd., 191 pp.

Sykes, J. H. y Simon, O. J. (1979): A new colobodont fish from the Trias of Spain. *Mercian Geologist*, 7, 65-74.

Vera, J.A. (1988): Evolución de los sistemas de depósito en el margen ibérico de las Cordilleras Béticas. *Revista de la Sociedad Geológica de España*, 1: 373-391.

Vera, J.A. (2004): Ciclo VI. En: *Geología de España* (J.A. Vera, Ed.). SGE-IGME, Madrid, 370-372.

Vera, J.A. (coord.), Arias, C., García-Hernández, M., López-Garrido, A.C., Martín-Algarra, A., Martín-Chivelet, J., Molina, J.M., Rivas, P., Ruiz-Ortiz, P.A., Sanz de Galdeano, C. y Vilas, L. (2004): Las Zonas Externas Béticas y el Paleomargen Sudibérico. En: *Geología de España* (J.A. Vera, Ed.). SGE-IGME, Madrid, 354-361.

Vera, J.A., García-Hernández, M., López-Garrido, A.C., Comas, M.C., Ruiz-Ortiz, P.A. y Martín-Algarra, A. (1982): El Cretácico de las Cordilleras Béticas. En: *El Cretácico de España*. Univ. Complutense, Madrid, 512-632.

Vilas, L. (coord.), Castro, J.M., Martín-Chivelet, J., Company, M., Ruiz-Ortiz, P.A., Arias, C., Chacón, B., de Gea, G.A. y Estévez, A. (2004): El Prebético del sector oriental. En: *Geología de España* (J.A. Vera, Ed.). SGE-IGME, Madrid, 361-363.

Vilas, L., Dabrio, C.J., Peláez, J.R. y García-Hernández, M. (2001): Dominios sedimentarios generados durante el período extensional Cretácico Inferior entre Cazorla y Hellín (Béticas externas). Su implicación en la estructura actual. *Revista de la Sociedad Geológica de España*, 14: 113-122.

Walker, K.R. (1972): Trophic analysis: A method for studying the function of ancient communities. *Journal of Paleontology*, 46 (1): 82-93.

Westermann, G.E.G. (1990): New developments in ecology of Jurassic-Cretaceous ammonoids. En: *Fossili, Evolutione, Ambiente* (G. Pallini, F. Cecca, S. Cresta y M. Santantonio, Eds.). Atti 2nd Convention International, Pergola 1987, Tecnostampa, pp. 459-478.

Westermann, G.E.G. (1996): Ammonoid life and habitat. En: *Ammonoid paleobiology* (N. Landman, K. Tanabe y R.A. Davis, Eds.). Plenum Press, Topics in geobiology, 13: 607-707.

Ziegler, B. (1967): Ammoniten-Ökologie am beispiel des Oberjura. *Geologische Rundschau*, 56: 439-464.

COORDINADORES, AUTORES Y COLABORADORES

COORDINADORES

Luis M. Nieto Albert
Matías Reolid Pérez
Departamento de Geología y CEACTierra. Universidad de Jaén.
Campus Las Lagunillas, 23071 Jaén.

AUTORES (POR ORDEN ALFABÉTICO)

José Manuel Castro Jiménez
Departamento de Geología y CEACTierra. Universidad de Jaén.
Campus Las Lagunillas, 23071 Jaén jmcastro@ujaen.es

Luis M. Nieto Albert
Departamento de Geología y CEACTierra. Universidad de Jaén.
Campus Las Lagunillas, 23071 Jaén lmnieto@ujaen.es

Fernando Pérez-Valera
Centro de Estudios Avanzados en Ciencias de la Tierra-Universidad de Jaén.
Campus Las Lagunillas, s/n, 23071 Jaén fperez@ujaen.es

Juan Alberto Pérez-Valera
Departamento de Paleontología, Universidad Complutense de Madrid.
Avda. José Antonio Nováis, 2, 28040 Madrid jalbertoperez@geo.ucm.es

Matías Reolid
Departamento de Geología y CEACTierra. Universidad de Jaén.
Campus Las Lagunillas, 23071 Jaén mreolid@ujaen.es

Francisco Javier Rodríguez Tovar
Departamento de Estratigrafía y Paleontología, Universidad de Granada.
Avda. Fuentenueva s/n, 18071 Granada fjrtovar@ugr.es

COLABORADOR EN EL CAPÍTULO DEL TRIÁSICO

Alberto Pérez-López
Departamento de Estratigrafía y Paleontología, Universidad de Granada.
Avda. Fuentenueva s/n, 18071 Granada aperezl@ugr.es
Instituto Andaluz de Ciencias de la Tierra-Universidad de Granada.
Avenida de las Palmeras, 4, 18100 Armilla (Granada)